書山有路勤為徑

學海無崖苦作舟

書山有路勤為徑

學海無崖苦作舟

卓越的企業是由偉大的人物締造，他們能！你也能！每個人都能！
站在商業巨人的肩膀上你就能成功

大老闆的頂級商業智慧

| 張俊杰 | 編著

本書對世界頂級CEO進行了深度研究——

王永慶、李嘉誠、松下幸之助、孫正義、傑克・威爾許、馬雲、比爾・蓋茲、史蒂夫・賈伯斯、山姆・沃爾頓、邁克爾・戴爾……

一流的經營理念打造出一流企業

微軟：大力網羅世界一流人才
惠普：以人為本的管理理念，尊重、信任員工。
思科：永遠跟隨客戶的需要變化
蘋果：對產品堅持「瘋狂的高標準」
沃爾瑪：始終貫徹「客戶第一」的經營理念
星巴克：煮好每一杯咖啡、把握好每一個細節
長江集團：真誠與信用是戰勝一切的不二法門
聯邦快遞：一流的企業執行力是鑄造輝煌的根本
軟銀集團：堅強的意志是征戰商場的強大武器
台塑集團：以「壓力管理」激發員工潛能

前言

要做成一流企業，先要學習世界一流企業的商道智慧；企業經營管理者要掌控商業財富，先要學習世界頂級CEO的商道理念和經營思路。

台塑集團創辦人王永慶以「天下沒有簡單的事，也沒有做不到了事，勤勞樸實是根本。」勉勵旗下的同仁。

比爾．蓋茲非常注重人才，他認為微軟最根本的財富就是那些在微軟工作了多年並開發過多個重要產品的開發團隊和程式設計師。為了建立和維持這個一流的研發團隊，比爾．蓋茲建立了一套很好的網羅頂尖人才、珍惜頂尖人才的機制。

美國聯邦快遞公司總裁弗雷德．史密斯非常看重企業執行力，他給聯邦快遞設立的口號是「不計代價，使命必達」。意思是無論遇到怎樣的困難，都要想盡一切辦法，排除萬難，不計代價地完成任務。

弗雷德．史密斯說：「貨物本身對寄件者和收件者而言是極具時間價值的，他們願意為節省時間付出額外費用。我們說服客戶把貨物交給我們，就必須做到使命必達，並保證貨物在運抵前絕不會離開我們的手。」

美國著名投資商羅伯森認為企業的成功跟商業模式的創新有重要關聯。他曾說，你將一塊錢在你的公司裡轉一圈，然後把它變成了一塊一，這就是一種商業模式，而增加的部分就是商業模式所帶來的增值部分。美國戴爾公司就是以一種全新的商業模式——直銷模式——獲得了巨大的成功。戴爾總裁邁克爾·戴爾在他的著作《戴爾直銷攻略》中說：「在非直銷模式中，有兩支銷售隊伍，即製造商將產品分銷給經銷商，經銷商再分銷給顧客。而在直銷模式中，我們只需要一支銷售隊伍，他們完全面向顧客。」

世界華人首富、長江實業集團董事長李嘉誠是由於注重自我管理而取得成功的企業家典範。他在給自己的孩子傳授生意經時說：「人要去求生意就比較難，生意跑來找你，你就容易做。」「一個人最要緊的是，要有中國人勤勞、節儉的美德；最要緊的是自我節省，對別人卻要慷慨，這是我的想法。」

在本書中，我們詳盡地列出了世界一流企業家過人的商道智慧，世界一流企業享譽世界的卓越管理方法，以饗在各個領域努力奮鬥的企業管理者和有興趣的讀者。

要想從世界工廠變身為世界一流企業，要想迅速發展壯大，就必須積極借鑑各個企業的管理優點。閱讀本書，我們可以從與世界一流企業的對比中找到差距，從與世界頂級CEO的交流中聆聽智慧，從管理大師縱橫捭闔的管理藝術中獲得靈感，從而提升企業管理方法和經營理念，迅速提升企業經營業績，衝擊世界500強。這是我們寫作本書的目的，我們希望把世界上優秀企業的經營之道與大家分享，讓他們的智慧和精神與大家共勉。

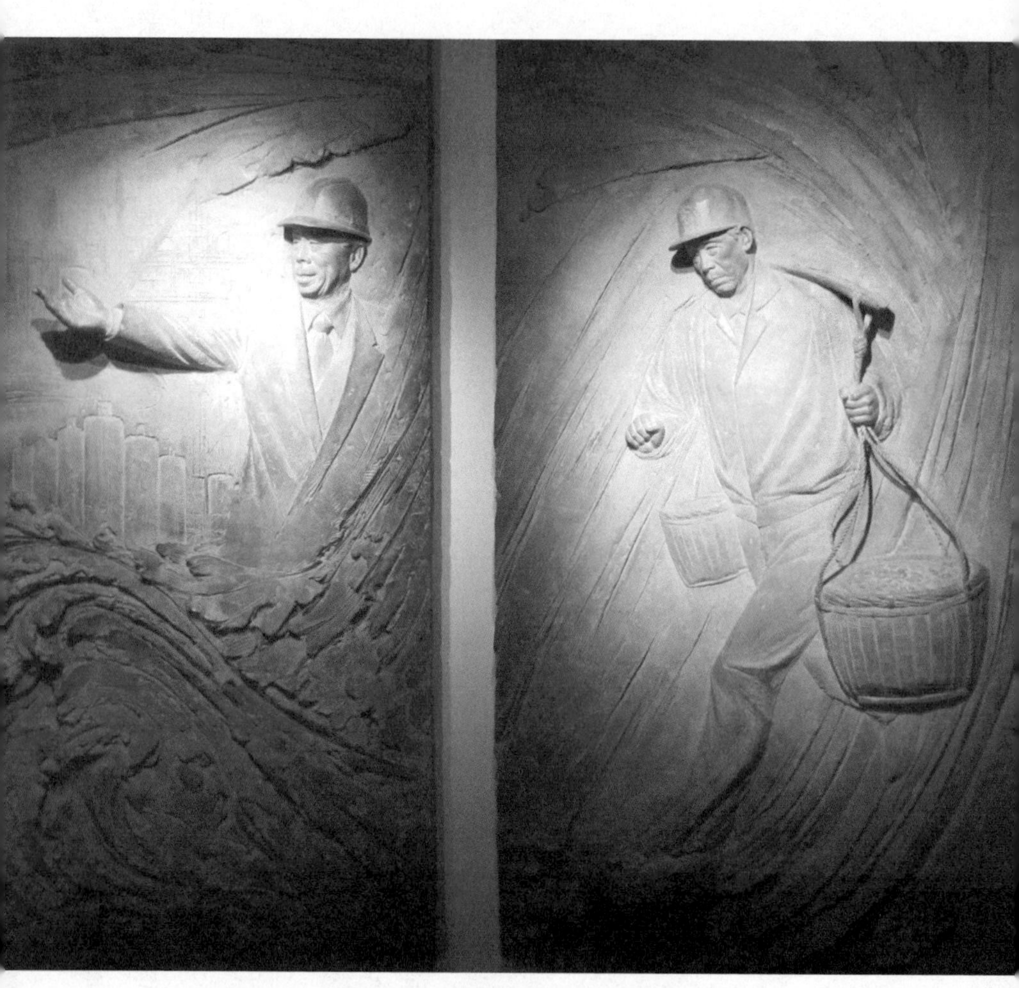

桃園台塑紀念館內的王永慶塑像

建立行業新指標

第1章 台塑企業集團

王永慶

讀懂人性，管理人心

有「經營之神」之稱的台塑石化股份有限公司原董事長王永慶，他的經營思想來源於一個很有趣的經歷：抗戰時鄉下各個家庭都飼養雞、鴨、鵝，但戰爭導致嚴重缺糧，各家飼養的鵝大多骨瘦如柴。由於只吃野菜和野草，四個月下來，只有兩斤重。王永慶就想，如果能找到飼料，養鵝的問題就可以解決。當時農村收割高麗菜後都將菜根和粗葉棄置在田地裡，他就雇工收回，又向碾米廠購買碾稻米時的碎米，混合起來作飼料，收購各鄉農戶養得半死不活的瘦鵝，集中起來進行飼養。瘦鵝看到食物就拚命吃，一直到喉嚨塞滿食物為止。經過飼養以後，瘦鵝三個月就變成肥壯的鵝，重量增加兩三倍，成果豐碩。

飼養瘦鵝給了王永慶兩點啟示：第一，瘦鵝之所以瘦，問題不在鵝，而是飼養方法不當所致：企業經營的道理與飼養瘦鵝一樣，企業經營不善，問題不在員工，而是老闆管理方法不當所致；第二，面對困境時要有堅毅的態度，等待機會到來：任何個人或企業走楣運時，要像瘦鵝一樣忍飢耐餓，培養自己的耐力與毅力，等待機會，一旦機會來臨，就會像瘦鵝一樣迅速壯大起來。

激發潛力：壓力+獎勵

王永慶認為：「公司經營的成敗，人的因素最大，屬於人的經驗、管理、智慧、品行、觀念、勤勞等無形資源，比有形資源更為重要。」王永慶對人的管理做過深入思考，他主張用壓力管理和獎勵管理來激發人的無限潛力。

台塑集團如果當初不存在產品滯銷、台灣市場狹小的問題，便不會想到擴大生產，開闢國際市場；沒有台灣塑膠粉粒資源匱乏，也就不會有在美國購下14家PVC塑膠粉粒工廠的大手筆，自此以後，台塑再沒有原料方面的後顧之憂。

王永慶在總結台塑企業的發展過程時說：「如果台灣不是幅員如此狹窄，發展經濟深為缺乏資源所苦，台塑企業可以不必這樣辛苦地致力於謀求合理化經營就能求得生存及發展的話，我們是否能做到今天的PVC塑膠粉粒及其他二次加工均達世界第一，不能不說是一個疑問。今天台塑企業能發展到營業額年逾一千億台幣的規模，就是在壓力逼迫下，一步一步艱苦走出來的。」他又說：「研究經濟發展的人都知道，為什麼工業革命和經濟先進國家會發源於溫帶國家，主要是由於這些國家氣候條件較差，生活條件較難，不得不求取一條生路，這就是壓力條件之一。日本工業發展得很好，也是在地瘠民困之下產生的，這也是壓力所促成的；今日台灣工業的發展，也可說是在『退此一步即無死所』的壓力條件下產生的。」

曾有外國記者這樣評價王永慶：「他的行事手段近乎殘忍，秘訣是對工作細節和工作時間毫不留情地苛求。他手下的管理人員若換成西方人，恐怕早被他折磨死了。」

王永慶的壓力管理（即人為地造成企業整體及所有從業人員存在緊迫感）確實聲名遠揚。他認為，人的潛能是無窮的，給予沒有挑戰性的工作，這個人的潛能根本無從發揮，他的一生就完了。傑出的人才只有在強大的壓力下才培養得出來。因此，無論對人還是對己，王永慶都提倡嚴格要求。

在台塑的管理體系中，王永慶特別成立了人數超過兩百的總經理室，這些人的主要工作就是，不斷在各部門發現問題，追蹤、考核，使他們隨時都有壓迫感，不滿足於現狀。透過這個機構，王永慶將他的經營理念落實到了最基層。

同時，王永慶自己也直接參與這種管理。每天中午，王永慶都在公司進行著名的「午餐會報」。他每天中午都在公司裡吃便當，用餐後就在會議室裡召見各事業單位的主管，先聽他們的報告，然後會提出很多犀利而又細微的問題逼問他們。

王永慶對複雜的數字過目不忘，又愛追根究底地詢問。主管人員為應付這個「午餐會報」，每週工作時間絕不會少於70小時。他們必須對自己所管轄部門的大小事情一清二楚，對出現的問題認真分析、成竹在胸，才能夠過關。

至於王永慶自己，他每天晚上10點睡覺，2點半起床辦公，每週工作100多個小時，數十年如一日，九十多歲仍堅持不輟。包括全球最大的石化園區雲林麥寮六輕、中國最大民營火力電廠華陽電業漳州電廠、寧波大乙烯計畫都是他在深夜思索出來的。

王永慶曾說過：「我幼時無力進一步學習，長大後必須做工謀生，也沒有機會接受正規教育，像我這樣一個身無專長的人，只有吃苦耐勞才能補其不足。我常常想，由於生活的煎熬，我才培養出了克服困難的精神和勇氣，幼年生活的困苦，也許是上帝對我的賜福。」

由於有這樣的覺悟，王永慶常常提醒自己，不要鬆懈懶惰，以免衰退。

他認為，美國在工業生產上之所以經常競爭不過日本，就是因為美國的企業經過長期的發展奠定了基礎以後，經營上的壓力已經減輕，經營者也鬆懈了。他說：「遊手好閒是製造無聊、罪惡、貧窮的根源，有人以為清閒是福，其實只有認真工作後的休息，才能得到心靈的安適，才是人生至上的享受。一個國家，如果人人都充滿了工作的活力，就是無上的財富。世界上許多天然資源富裕的國家，一如非洲、印尼等，反而不如資源貧乏的國家進步，道理就在國民沒有充沛的活力。」

王永慶對員工施加巨大的壓力，同時也十分重視對部屬的激勵。台塑的激勵方式有物質激勵與精神激勵。台塑的金錢獎勵十分慷慨，王永慶私下發給幹部的獎金稱為「另一包」（因為是公開獎金之外的獎金）。

1986年「另一包」發放的情況是：課長、專員級新台幣10萬～20萬；處長高專級20萬～30萬；經理級100萬。同時給予特殊有功人員200萬～400萬的檯上開包。對於一般職員，則採取「創造利潤，分享員工」的做法。台塑員工都知道自己的努力會得到相應的報酬，因此都拚命地工作。王永慶的壓力管理對員工們產生的作用是推力，他的「獎勵管理」是拉力，這一推一拉之間，激發出員工們無限的活力。

賣冰淇淋應該選在冬天開業

王永慶有一句名言：「賣冰淇淋應該選在冬天開業。」他解釋說：「冬天，顧客少，必須全心全意傾盡全力去推銷，並且要嚴格控制成本，加強服務，使人家樂意來買。這樣一點一滴建立基礎，等夏天來臨，發展的機會到了，力量便一下子壯大起來。」

這就像瘦鵝，在困難時期鍛鍊出了很好的胃口與很強的消化力，只要一有食物吃，立刻就會肥大起來。同樣的，在經濟不景氣的狀態下，企業如果「餓不死」，一遇到經濟復甦，其高速發展是必然的。這可算是壓力管理在外部經營上的運用。

1980年，美國經濟陷入低潮，石化工業普遍不景氣，關閉、停產的化工廠比比皆是。經濟蕭條期間，許多企業家抱著觀望的態度，不敢貿然行動，那些瀕臨倒閉的石化廠雖然虧本出售，卻仍無人問津。王永慶苦苦等待的時機終於來了，他發動攻勢，以出人意料的低價，買下德克薩斯州休斯頓的一個石化廠。德克薩斯州是美國石油蘊藏量最豐富的一個州，而且油質非常好。王永慶在那裡籌建全世界規模最大的*PVC*塑膠工廠，年產量48萬噸。

王永慶在第二年又以迅雷不及掩耳的速度，在美國路易斯安那州和德拉瓦州各買下了一座石化廠。1982年，王永慶更以1950萬美元買下了美國JM塑膠管公司的八個PVC下游廠。王永慶的這些大膽舉動令同行大為不解，他們用疑惑的目光注視著他，議論紛紛。

王永慶自然有他的道理：在經濟不景氣的時候進行投資，收購或建廠的成本比較低，可增加產品的競爭能力；而且，經濟景氣大都遵循一定的週期規律，有落必有漲，興建一座現代化工廠約需要一年半到兩年時間，在經濟不景氣時建廠，等到建設結束時，市場又在復甦之中，正好趕上銷售良機。

但後來的情況沒有完全按照王永慶的設想發展，直至這些廠的改造或重建工作完成並進入投產階段後，美國的經濟仍未復甦。還有，這些收購的工廠也存在或多或少的問題，王永慶在接管後沒能迅速扭轉局面，甚至出現了虧損。

例如路易斯安那州的石化廠機器老化、設備陳舊、人員薪資又高，再加上當時美國塑膠產品嚴重過剩，價格暴跌，企業出現明顯虧損。再如德克薩斯州收購的石化廠，由於處在下游的美國白人工廠抵制使用華人工廠生產的VCM(氯乙烯)，導致產品在美國嚴重滯銷，王永慶不得不運往中南美洲虧本出售，一年時間虧損了800萬美元。

面對多家在美企業的虧損狀況，王永慶卻表現得十分坦然。他認為，經營企業不能只看眼前，一開始就賺錢的企業反而是危險的，因為那樣的話容易令人鬆懈。虧損，就是對經營者的懲罰，希望他趕快改善，而企業經營管理的改善比一開始就賺錢重要得多。

王永慶冷靜地分析了在美國買下的幾家工廠的歷史與現狀：美國企業具有良好的經營背景，有比較完善的管理制度，資訊化程度也比較高，這是企業今後發展的有利條件；但是，由於美國工人長期處於一個富裕安定的環境，企業的創新與進取意識逐漸消失，從而導致生產效益不斷降低。

王永慶對症下藥，進行了大規模的裁員。經過精簡，路易斯安那州工廠的員工從406人降至300人；德拉瓦州工廠的員工從400人降至220人。王永慶一方面裁減美籍員工，另一方面則輸入大量的台灣員工。在美國裁員，當然不是一件輕而易舉的事，美國工人文化素質高，權利意識強，他們舉行了示威、遊行，甚至對王永慶進行恐嚇、威脅。

一天，王永慶乘車前往收購工廠視察，工廠門口一些遊行示威的工人居然用磚塊向他的車砸去。警衛人員勸王永慶返回，王永慶卻坦然不懼，他反而跨出車門，昂首挺胸向前走。這種「泰山崩於前而色不變」的氣概使那些極度憤怒的示威者安靜下來，他們震驚地看著王永慶，相持片刻後，他們終於不驅而散。由於王永慶的勇氣和堅持，工廠的整改工作得以順利進行。

王永慶接下來還要處理另外一個大麻煩。原以為購買人家的舊廠房和設備省下了不少錢，後來才發現，修改與整頓一個陳舊的工廠，比興建一座新的現代化工廠還要困難。

遇到困難就解決困難，台灣來的員工到達美國後，針對生產管理與技術，逐項進行個案研究改善。一位觀察分析家感慨地撰文寫道：「在德州的工廠中，我看到台塑的工程師夜以繼日地辛勤工作，他們努力奮鬥的精神，令人敬畏。」經過台塑人的辛勤奮鬥，這幾家工廠的面貌有了徹底改觀，生產很快走上了正軌。

1983年初，石油每桶下跌5美元，美國經濟開始復甦，塑膠產品的市場需求大增。台塑在美國的幾家工廠在淡季時已經完成了整改，提升了競爭力，市場旺季一到，企業立即蓬勃發展。到1983年底，王永慶在美國的PVC廠每年的產量共計達39萬噸，加上台塑原有的55萬噸生產能力，合計年產量達到94萬噸，台塑企業成了世界上產量最大的PVC製造商。

物美價廉贏市場

當今西方商界宣導的主流戰略是專業化，而王永慶的台塑關係企業王國下屬100多個企業，涉及石化、資訊、材料、教育、醫療、醫藥、環保眾多領域，所有的業務都賺錢。王永慶的秘訣是不斷追求合理化，降低成本，以贏得客戶，這就是王永慶根據顧客心理制定的制勝策略。

2008年5月14日，王永慶決定由企業捐贈1億元人民幣，支援四川災區，創下台灣企業捐款之最。他還曾一次捐助2.5億美元鉅款給一家醫院。王永慶在慈善事業方面慷慨，但在企業經營上則以「摳門兒」聞名。

王永慶1980年收購美國工廠後，在建新的投資項目時，命令所有參與建造美國工程的工人，都要從台灣聘請過去，因為當時台灣的工人要比美國的廉價得多，而且，他還嚴格控制工人人數，一般一個項目只請最少的工人來完成。

這些措施大大降低了薪資成本，王永慶說：「為了降低成本，強化對外競爭條件，我們對於所有可能涉及成本的項目，都要一一追根究底，追到江河的源頭，求到最節省才肯甘休。」例如他可以把生產的玩具車的零組件拆成一千多個，來分別核算成本，「價格精確到幾釐，然後再跟製造商、承包商進行談判。」

他自組船隊以節省運費的做法是另一個經典案例。在美國建了工廠後，台塑有數量龐大的PVC原材料需要從美國和加拿大運回台灣，台塑為此支付了巨額的資金。為了降低運費，王永慶決定自組船隊進行貨物運輸，這無疑是驚人之舉，因為當時台塑幾乎無人懂海運，但王永慶決心已下。最後，因為貨物運輸的成倍增加，其他公司的運費成本都成倍增加，只有台塑是最低的，因為他們有自己的船隊，成本被控制到最低。

由於王永慶在台塑有很高的威信，他要求各個環節降低成本，公司各部門都積極配合。但也有人不能確實領會他的意圖。當王永慶推行「降低成本」的政策後，長庚醫院的醫生們認為：醫院降低成本，就必須要降低藥品和器械的品質，而這勢必會影響醫療效果，看來王永慶是只求利潤、不重醫德的人。王永慶對他們解釋說，講究成本，是要以維持高品質為前提的，降低成本和維持高品質都是為了顧客的利益。醫院肯定不能靠降低藥品和器械的品質來降低成本，而要靠杜絕浪費和提高工作效率來降低成本。

提高工作效率怎麼降低成本呢？有一次，王永慶去台塑開辦的一家學校視察，在路上發現有3個工人在鋪草坪，工作懶散，毫無效率，他就問他們的工資是如何計算？工人說60元一坪，王永慶問他們對工資是否滿意，工人們都搖頭。於是王永慶問道：「如果我多付一倍的工資，你們能做到什麼地步？」工人們興奮地說：「如果發給我雙倍薪資，我就做三倍的工作。」後來工人們果然得到了雙倍的薪資，而他們做的工作是原先的三倍半。原先一個工人一天只做1坪草地，要付60元，後來一天能做3坪半，也就是產生了210元的效益，但實際上台塑只付了120元的工資，還多賺了90元，台塑提高薪資，反而節省了成本。現在中國還有很多商人靠降低品質和少發薪資來降低成本，他們需要借鑑王永慶的智慧。

王永慶有一天和司機來到一家豆漿店吃早餐。司機要了一碗加雞蛋的豆漿，王永慶則只要了豆漿，等到服務員把東西端上來，王永慶先喝了兩口，再告訴服務員要加蛋。司機忍不住發問：「老闆，你為什麼不一開始就加蛋？」王永慶回答說：「那樣豆漿不就少了嗎？」

還有，他覺得長途電話費太貴，不喜歡子女打電話給他；他給子女寫信選擇很薄的信紙，字跡密密麻麻，防止超重後要加貼郵票；每天早上跑步穿的運動鞋，一雙總要穿上好幾年；一條做「毛巾操」的毛巾，一用就是20年。可見，降低成本已經滲透到王永慶的日常生活中，成為他的本能了。

其實成本不只是金錢，對顧客來說，時間和精力也是重要的成本。王永慶早年曾靠賣米賺到第一桶金，他的秘訣就是透過額外的服務降低顧客的時間和精力成本，由此贏得顧客的忠誠。

1932年，在父母及親戚的支持下，16歲的王永慶帶著家裡湊的一點錢和兩個弟弟到嘉義開米店。那時，小小的嘉義已有近30家米店，競爭非常激烈。當時僅有200元資金的王永慶，只能在一條偏僻的巷子裡租下一個很小的店面。他的店開業最晚，規模最小，更談不上有知名度，米店開張後，任憑王永慶喊破嗓子，也沒賣出去多少，過了幾天，生意更加冷清。王永慶開始用心尋求突破。

那時候的台灣，稻穀收割與加工的技術還很落後，稻穀收割後都是鋪放在馬路上曬乾，然後脫粒，砂子、小石子之類的雜物很容易摻雜在裡面。用戶在做米飯之前，都要經過一道淘米的程序，用起來很不方便，但大家都已見怪不怪，習以為常。王永慶卻從這司空見慣中找到了切入點。他和兩個弟弟一齊動手，一點一點地將夾雜在米裡的秕糠、砂石之類的雜物揀出來，然後再賣。一時間，小鎮上的主婦們都說，王永慶賣的米品質好，省去了淘米的麻煩。這樣，一傳十，十傳百，米店的生意日漸興旺起來。

王永慶並沒有就此滿足，他希望能繼續有所突破。某一天，一位主婦來米店買三斗米（一斗米等於11台斤半，6900公克），但因為太重拎不動，又改要一斗，王永慶靈機一動，主動要求幫她把米送回家。在送米的過程中，經過了三家米店，有認識王永慶的人就問：「慶仔，怎麼，送米上門嗎？」這樣問了幾次之後，把王永慶問醒悟了，為什麼不送米上門？他想到，自己來買米並自己運送回家對於年輕人來說不算什麼，但對於一些上了年紀的老年人，就是大大的不方便了。那天以後，王永慶就主動送貨上門。這一方便顧客的服務措施，大受顧客歡迎。

王永慶不斷地用心改進自己送米上門的方式。他添置了一些運輸工具，這樣就可以同時送很多家，減少路上消耗的時間。每開發一家新顧客，王永慶就細心記下這戶人家米缸的容量，有幾個大人、幾個小孩，每人飯量如何，據此估計該戶人家下次買米的大概時間。到時候，他會主動將相應數量的米送到客戶家裡。他送米時還親自將米倒進米缸裡。如果米缸裡還有陳米，他就先把陳米倒出來，擦乾淨米缸後，再把新米倒進去，然後將舊米放回上層，這樣，陳米就不至於因存放過久而變質。

那個年代，嘉義大部分家庭並不富裕，由於王永慶是主動送貨上門的，要貨到收款，有時碰上顧客手頭緊，一時拿不出錢的，會弄得大家很尷尬。王永慶想到了按時送米，不即時收錢，而是約定到發薪之日再上門收錢的辦法，這就避免了雙方的尷尬，極大地方便了顧客。

王永慶挑米、送米等精細的服務令所有顧客深受感動，那些接受服務的客戶，都成了王永慶的忠實客戶。王永慶的米店，也隨之生意興隆，蒸蒸日上。

增加切身感以激發潛能

在台塑企業電梯維修與長庚醫院義齒（即牙齒脫落或在拔除後，為恢復咀嚼、美觀、發音等功能而鑲補的假牙）製造方面，王永慶想辦法增強了員工的切身感，結果他們的工作績效大大地提高了。

台塑關係企業內各單位加上長庚醫院電梯共有69部，原來一直是委託代理商上門服務的，每年檢修成本約為20萬美元，但許多代理商沒有足夠的專業知識，因此導致工作績效不高。

面對這種情況，王永慶覺得應該想辦法改進，於是就把這69部電梯維修工作收回來自己做。長庚醫院工務部門的一個7人小組隨後被安排負責此事。王永慶把7人維修小組組成一個成本中心，每年付給它20萬美元的電梯維修費用。除去長庚醫院工務部門抽取的三成費用，維修小組一年實際的收入達到14萬美元。再由這7人平均分配，每年每人可以獲得2萬美元的收入。

如果這小組中的7個人，完全以受雇的方式進行工作，每人每年的收入大概在1萬美元左右；改變為成本中心之後，這樣他們的收入每人每年能夠達到2萬美元，足足增加了1倍。他們的自主精神和切身感的增強，使他們工作變得更加投入，將電梯維修工作做得十分周到。公司方面，每年也因此省下三成費用，即6萬美元，這樣安排可謂一舉三得。

另外，在長庚醫院製造義齒方面，共有10個人參與，可是，一直都無法高效地完成全部工作，一部分工作只能選擇外包。王永慶在參照了電梯維修運作方面的成功經驗後，也在製造義齒的專案組設立了成本中心。結果大大出人意外，如此一來，只要一個人即可包下全部義齒製造工作。這樣看來，工作績效與以前相比，是原來的10倍以上，這也是因為產生切身感的關係。

王永慶曾經說起採用這種方式的初衷：「由於產生切身感能創造更好的效益，我們探索在企業內生產部門實施的可行性。如果將每個生產工廠成立為一個成本中心，讓現任的廠長擔當經營者的角色，課長成為經理人，以下的各層幹部以此類推，由他們負起經營的責任，並且可以充分享受經營績效提升後的成果。相信採取這種措施後，能夠大大激發大家的工作切身感，彼此配合也會更加密切，全體員工都共同為追求更為良好的績效努力。這樣，對公司和員工都有利，透過這種方式，企業及員工的潛力都能得到最好的發揮。」

在台塑企業電梯維修與長庚醫院義齒製造方面，成本中心的成功運作，證明了王永慶這種做法的可行性和科學性。

第2章 長江集團

李嘉誠

君子愛財，取之有道

作為橫跨最多產業、最多國家的華人企業家，如今，李嘉誠旗下的產業包括地產、酒店、電信、能源、基礎建設、港口、零售、生物技術等領域，分公司遍及55個國家。而且從1950年創業至今，李嘉誠的長江集團沒有一年虧損；他個人的資產，也沒有哪一年少於前一年。

但李嘉誠傳授給孩子的絕非一般人想像中的生意經，他說：「以往百分之九十九是教孩子做人的道理，現在有時會談論生意，約三分之一談生意，三分之二教他們做人的道理。」為什麼呢？他說：「簡單地講，人要去求生意就比較難，生意跑來找你，你就容易做。一個人最要緊的是，要有中國人的勤勞、節儉的美德。最要緊的是節省你自己，對人卻要慷慨，這是我的想法。顧信用，夠朋友，這麼多年來，差不多到今天為止，任何一個國家的人，任何一個省份的中國人，跟我合作之後都能成為好朋友，從來沒有為某件事鬧過不開心，這一點我是引以為榮的。」李嘉誠憑藉自己光明正大的做人原則贏得了尊敬與信賴，從而成就了輝煌的一生。

一勤天下無難事

1957年，李嘉誠決定，塑膠廠不再生產玩具和家庭用品，改為生產供家庭裝飾用的塑膠花。當時第二次世界大戰已結束12年，世界各國的經濟開始復甦，李嘉誠推斷，隨著生活水準的不斷提高，人們的消費觀念將會升級，對室內裝飾、美化的需求將日益增強，塑膠花受到人們的青睞是肯定的。長江公司生產的塑膠花在各大商場剛一露面，果然就被顧客搶購一空。

李嘉誠把握商機的判斷力是從哪裡來的呢?李嘉誠說：「求知是最重要的環節，不管工作多忙，我都堅持學習。白天工作再累，臨睡前，我都要斜靠床頭翻閱經濟類雜誌，我從中汲取了大量的知識和資訊，我的判斷力由此而來。」

李嘉誠說：「我認為勤奮是個人成功的要素，所謂『一分耕耘，一分收穫』，一個人所獲得的報酬和成果，與他所付出的努力是有極大的關係。運氣只是一個小因素，個人的努力才是創造事業的最基本條件。」李嘉誠的勤奮，突出地表現在勤奮學習上。在14歲那年，李嘉誠歷經家道中落、漂流異鄉、少年失學、父親過世。他在打工養家之餘，不懈學習，「別人是自學，我是『搶學』，搶時間自學。一本舊《辭海》，一本舊版的教科書，自己自修。」他制定了嚴格的紀律，除了《三國志》與《水滸傳》，不看小說，不看休閒讀物。在昏黃的燈光下，他摸索教學、出題的邏輯，尋找每個篇章的關鍵字句，類比師生對話，自問自答。沒有學歷、人脈、資金，想出人頭地，自學是他唯一的武器。

有一天，工廠文書請病假，但老闆需要人幫他寫信，老闆就問：「哪個人比較會寫信，字寫得好一點的？」四、五個職員都指向李嘉誠，「叫他寫，他每天都念書寫字。」

老闆望向這未滿17歲的雜役工，問道：「你真的懂嗎？」李嘉誠說：「我可以試試。」立即動手寫了好幾封信。信發出後，老闆的朋友很欣賞，問他：「你這位先生是什麼時候請的？比原來的要好。」這讓老闆對李嘉誠另眼相看，很快地把他從做雜役的小工，調至做貨倉管理員。李嘉誠回憶這段往事時說：「知識改變命運。如果沒有一點文化底子，寫信慢，也未必通順，後來也得不到那個職務。那個職務讓我懂得貨品的進出、價格，懂得管理貨品。」

其後，李嘉誠從貨倉管理員，轉為走街的推銷員，為了省錢，他始終都是以步代車地奔走於香港的大街小巷。李嘉誠只要講到這段時光，總是不無自豪地說：「我17歲就開始做批發的推銷員，就更加體會到賺錢的不易、生活的艱辛了。人家做8個小時，我就做16個小時。公司內的推銷員一共有7個，都是年齡大過我而且經驗豐富的推銷員。但由於我勤奮，結果我推銷的成績，是除我之外的第一名的7倍。這樣，18歲我就做了部門經理，兩年後，我又被提升為總經理。」

雖然家裡已經可以過上富足的小康生活，但李嘉誠仍是一個勤奮的人。他只學過初中英語，卻訂閱了《當代塑膠》等英文塑膠專門雜誌，苦學查辭典，不讓自己與世界塑膠業潮流脫節。李嘉誠說：「年輕時我表面謙虛，其實內心很驕傲。為什麼驕傲呢？因為同事們去玩的時候，我去求學問；他們每天保持原狀，而我自己的學問日漸提高。」更難能可貴的是，他能吸取書本中的智慧，提醒自己驕者必敗，並以「長江」作為自己公司的名字，告誡自己要如長江匯聚百川，才能細水長流。

現在，李嘉誠仍每天自學不輟。「非專業書籍，我抓重點看；如果跟我公司的專業有關，就算再難看，我也會把它看完。」李嘉誠演講集的書名就叫《知識改變命運》，正是勤奮學習才使得當年窮困的孩子成為後來的華人首富。

李嘉誠不但對自己要求嚴格，對自己的孩子也絕不嬌生慣養，刻意培養他們吃苦拚搏的精神。他要求兩個兒子從小列席旁聽董事會會議。他說：「帶他們到公司開會，目的不是教他們做生意，而是教他們明白做生意不是簡單的事情，要花很多心血，開很多會議，才能成事。」有一次，他的夫人看孩子會上一坐幾小時非常難受，便勸李嘉誠：「孩子太小，等他們長大了再跟你們學習也不晚。」李嘉誠卻對夫人說：「是的，他們年齡小還不懂事，但是我想早一點對他們進行啟蒙教育，讓他們從小就知道父輩創業的艱難，學習父輩頑強拚搏的精神，長大了才能成為棟梁之才。如果現在放鬆了對他們的早期教育，他們成了只知道吃喝玩樂的富家子弟，再教育就遲了。」

兩個兒子在美國讀大學時，李嘉誠只支付兩人的生活費，至於零用錢則靠自己打工去賺。小兒子李澤楷就曾在高爾夫球場當過球僮，他說，這段做球僮的經歷，鍛鍊了他的體力，培養了他的吃苦精神，更重要的是學會了如何與人打交道，這一切使他終身受益。李澤鉅、李澤楷從美國史丹佛大學畢業後，李嘉誠卻對他們說：「我的公司不需要你們！」「我想還是你們自己去打江山，讓實踐證明你們是否合格來我公司任職。」兩年後，大兒子李澤鉅開設的地產開發公司成了加拿大最大的地產公司，二兒子李澤楷的銀行也辦得有聲有色，這時，李嘉誠才將他倆招至麾下。

大智若愚，誠待天下

曾有記者問李嘉誠做生意最大的收穫是什麼時，他說：「那就是誠信，就是不妨把自己看得笨拙一些，而不是投機取巧。」「一個人一旦失信於人一次，別人下次再也不願意和他交往或發生貿易往來了。別人寧願去找信用可靠的人，也不願意再找他，因為他的不守信用可能會生出許多麻煩來。」李嘉誠在商界以誠信聞名，他說：「一生之中，最重要的是守信。我現在就算再有多十倍的資金也不足以應付那麼多的生意，而且很多是別人主動找我的，這些都是為人守信的結果。」「信譽、誠實，是我的第二生命，有時候比自己的第一生命還重要。」

20世紀50年代，李嘉誠做塑膠花時，常去皇后大道中一間公爵行接洽生意。「我經常看見一個四、五十歲很斯文的外省婦人，雖是乞丐，但她從不伸手要錢。我每次都會拿錢給她。有一次，天很冷，我看見人們都快步走過，並不理會她，我便和她交談，問她會不會賣報紙。她說她有同鄉幹這行。於是，我便讓她帶同鄉一起來見我，想幫她做這份小生意。時間約在後天的同一地點。客戶偏偏在前一天提出要到我的工廠參觀，客戶至上，我也沒辦法。於是在交談時，我突然說了聲『*Excuse me*』，便匆匆跑開。客人以為我上洗手間，其實我跑出工廠，飛車跑到約定地點。途中，超速和危險駕駛的事都做了，但好在沒有失約。見到那婦人和賣報紙的同鄉，問了一些問題後，就把錢交給她。她問我姓名，我沒有說，只要她答應我要勤奮工作，不要再讓我看見她在香港任何一處伸手向人要錢。事畢，我又飛車回到工廠，客戶正著急：『為什麼在洗手間找不到你？』我笑一笑，這件事就這麼過去了。」對一個陌生人尚能如此守信，對客戶能信守承諾也就不言而喻了。

李嘉誠憑藉誠信度過了很多次危機。1950年，李嘉誠籌措了5萬港元，創辦了長江塑膠廠，專門生產塑膠玩具和日用品，開始了創業之路。

他對工人進行簡單的培訓後，實行三班制，晝夜不停地生產。李嘉誠對推銷輕車熟路，第一批產品很順利就賣出去了。接下來第二批、第三批、第四批……一時間長江塑膠廠產銷兩旺，擴張得很快。

春風得意的日子沒有持續多久，因為設備落後，工人技術跟不上，導致產品品質出了問題。倉庫裡堆滿因品質欠佳和延誤交貨退回的玩具成品。辦公室裡整天有不斷來索賠的客戶、追貨款的原料商、銀行催繳貸款的人。還有一些新客戶上門考察生產規模和產品品質，見這情形扭頭就走。因為形勢惡劣，部分員工面臨辭退，遭辭退的人整天在辦公室裡鬧著不走，整個工廠被鬧得雞犬不寧。

長江塑膠廠危機四伏，李嘉誠四處奔波，臉色憔悴，眼中也佈滿血絲。這時，他母親講的一個故事啟發了他：

很久以前，潮州府城外的桑埔山有一座寺廟。住持已是垂暮之年，他知道自己時日無多，就把兩個弟子召到方丈室，將兩袋穀種交給他們，要他們去播種，到穀熟的季節再來見他，誰收的穀子多就可接任做本廟的住持。到穀熟時，大徒弟挑了一擔沉沉的穀子來見師父，而小徒弟卻兩手空空。住持問小徒弟，他慚愧地說，他沒有管好種子，種穀沒發芽。住持便把袈裟交給小徒弟，指定他為未來的住持。大徒弟不服，師父說，因為我給你倆的穀種都是煮過的，根本發不了芽。

李嘉誠恍然大悟：誠實是做人處世之本，是戰勝一切的不二法門。

第二天，李嘉誠回到廠裡，召集全體員工開會，他攬過一切責任，承認自己經營管理上犯了錯誤，是他拖垮了工廠，連累了員工。他向這些天被他無端訓斥的員工賠禮道歉，並表示，經營一旦好轉，辭退的員工都可回來上班，並保證今後絕不再損害員工利益。最後他希望大家能共同攜手度過這次難關。經過真誠地溝通，員工們的情緒得到了穩定。

接下來李嘉誠一一拜訪銀行、客戶、原料商，向他們承認自己的錯誤，請求放寬追款的期限，並承諾在期限內一定償還所有欠款與罰金。李嘉誠絲毫不隱瞞工廠面臨的危機——隨時都有倒閉的可能，懇切地向大家請教走出危機的對策。他的真誠得到了大家的諒解，也看到只有幫助他才能避免雙方的損失。李嘉誠獲得了初步的迴旋餘地。

李嘉誠還篩選淘汰掉次品，賣掉正品來抵部分債務，並培訓工人操作技能……

就這樣，經過努力，李嘉誠一步步地走出逆境。1955年的一天，李嘉誠懷著喜悅的心情召集全體員工開會。他首先向員工們鞠了三次躬，感謝大家的精誠合作，接下來宣佈：「我們廠已基本還清各家的債款，昨天得到銀行的通知，同意為我們提供貸款。這表明，長江塑膠廠已走出危機，將進入柳暗花明的佳境！」

1957年，李嘉誠赴義大利考察塑膠花生產，回港後，他率先推出塑膠花，立即成為熱銷品。但因為資金有限，設備不足，嚴重地阻礙了生產規模的擴大。而長江公司規模太小，不可能獲得銀行的大筆貸款。在李嘉誠傷透腦筋之時，一個機遇來到他面前。有位歐洲的批發商看到樣品後對長江公司的塑膠花讚不絕口，他對李嘉誠說：「我們早就看好香港的塑膠花，品質種類，處於世界先進水準，而價格不到歐洲產品的一半。我是打定主意訂購香港的塑膠花，並且是大量訂購。你們現在的規模，滿足不了我的數量。李先生，我知道你的資金發生問題，我可以先行做生意，條件是你必須有實力雄厚的公司或個人擔保。」

該批發商的銷售網遍及西歐、北歐，那是歐洲最主要的市場，所以李嘉誠太想做成這筆生意了。但擔保人卻遍尋不到。原來，被擔保人一旦無法履行合約，或者喪失償還債務能力，擔保人就必須承擔一切風險。李嘉誠白手起家，沒有深厚背景，他磨破了嘴皮子，也沒人願意為他作擔保。

沒有找到擔保人，李嘉誠並沒有徹底放棄，他和設計師通宵達旦，連夜趕出9款別具一格的極佳樣品，期望能以樣品打動批發商。批發商十分欣賞李嘉誠的辦事作風及效率，因為他當時只表露出想訂購3種產品的意向，結果，李嘉誠每一種產品都設計了3款樣品。

接著談生意，李嘉誠坦率地告訴批發商：「承蒙您對本公司樣品的厚愛，我和我的設計師花費的精力和時間總算沒有白費。我想您一定知道我的內心想法，我是非常非常希望能與先生做生意。可是我又不得不坦誠地告訴您，我實在找不到殷實的廠商為我擔保，十分抱歉。」

批發商目光炯炯地看著李嘉誠，未表示出吃驚和失望。於是李嘉誠繼續真誠地說道：「請相信我的信譽和能力，我是一個白手起家的小業主，在同行和關係企業中有著良好的信譽，我是靠自己的拚搏精神和同仁朋友的幫助，才發展到現在這樣的規模。先生您已考察過我的公司和工廠，大概不會懷疑本公司的生產管理及產品品質。因此，我真誠地希望我們能夠建立合作關係，並且是長期合作。儘管目前本公司的生產規模還滿足不了您的要求，但我會盡最大的努力擴大生產規模。至於價格，我保證會是香港最優惠的，我的原則是做長生意，做大生意，薄利多銷，互利互惠。」

李嘉誠的誠懇感動了對方，批發商對他說：「從您坦白之言中可以看出，您是一位正人君子。我這次來香港，就是要尋找誠實可靠的長期合作夥伴。李先生，我知道你最擔心的是擔保人。我坦誠地告訴你，你不必為此事擔心，我已經為你找好了一個擔保人。」李嘉誠一愣。「這個擔保人就是你。你的真誠和信用，就是最好的擔保。」

於是兩人在愉快的氣氛中簽訂了購銷合約。這次合作，批發商提前交付貨款，基本解決了李嘉誠擴大再生產的資金問題，並且他還提出一次付清，可見他對李嘉誠信譽及產品品質的充分信任。

外商的鼎力相助，使得李嘉誠既擴大了生產規模，又拓寬了銷路，李嘉誠成了香港的「塑膠花大王」。1958年，長江公司的純利潤達一百多萬港元，李嘉誠贏得了平生的第一桶金。

待人接物，情深義切

1943年的冬天，李嘉誠的父親過世了。為了安葬父親，李嘉誠含著眼淚去買墳地。按照當時的交易規矩，買地人必須付錢給賣地人之後才可以跟隨賣地人去看地。李嘉誠將錢交給賣地的兩個客家人之後，堅持要看地。

沉溺在喪父之痛中的李嘉誠，想著連日來和舅父、母親一起東奔西走，總算湊足了這筆安葬費，想著自己能夠親自替父親買下這塊墳地，心裡總算有了一絲慰藉。這兩個賣地人走得很快，山路泥濘，風雨交加，李嘉誠緊跟不捨。賣地人見李嘉誠是個小孩，覺得好欺騙，賣給他的竟是一塊埋有他人屍骨的墳地。他們到了目的地之後，用客家話商量著如何掘開這塊墳地，將他人的屍骨弄走。

他們不知道李嘉誠是聽得懂客家話的。李嘉誠萬分震驚，心想世界上居然有如此黑心賺錢的人，連死去的人都不肯放過。李嘉誠想到父親一生光明磊落，如果安葬在這裡，他在九泉之下是絕對不會安息的。但與此同時這兩個人又是絕不會退錢給他的。李嘉誠做出了一個痛苦的決定：他告訴他們不要掘地弄走他人屍骨了，李嘉誠決心再次籌錢，另找賣主。

這次買地葬父的幾番周折，深深地留存在李嘉誠的記憶深處。李嘉誠後來經商恪守一個原則：「義在財先。」他說：「絕不同意為了成功而不擇手段，刻薄成家，理無久享。」「我對自己有一個約束，並非所有賺錢的生意都做。有些生意，給多少錢讓我賺，我都不賺。有些生意，已經知道是對人有害，就算社會容許做，我都不做。」他曾告誡員工，不要佔任何人的便宜，絕不要賺「濫錢」、「黑心錢」。

不僅不能賺「黑心錢」，還要追求大家都利益均沾。「商人不應該自私地只顧自己贏利，而不顧對手死活。如果一單生意只有自己賺，而對方一點不賺，這樣的生意絕不能做。」

對收購方，無論成與不成，李嘉誠都能使對方心悅誠服。如果收購成功，他不會像許多老闆那樣，進行一鍋端式的人事改組和拆骨式的資產調整，他會盡可能地挽留被收購企業的高層管理人員，照顧小股東的利益，因此被收購公司不會處於動盪不安的狀態。如果收購不成，他也不會以自己所持股權作為要價的籌碼相要脅，逼迫對方開出高價贖購，生意不成仁義在。

對股東，李嘉誠出任10餘家公司的董事長或董事，但他把所有的董事年薪全部歸入長實公司帳上，歸大家所有。他自己全年只拿五千港元，一直如此。五千港元的董事袍金(指董事為公司工作的報酬)，還不及長實公司一個清潔工20世紀80年代的年收入。以80年代的水準，像長實這樣贏利極佳的大公司董事局主席，一年最少也有數百萬港元薪水。進入90年代，便猛增到一千萬港元上下。李嘉誠的大商人風範贏得了公司股東的一致好感，因此，他想辦的大事，很容易得到股東大會的通過。

對公司員工，多少年來，李嘉誠旗下的公司人員流動率低於1％。如此低的人員流動率，在香港的大企業中僅此一家。不管是企業高管人員還是一般員工，他們之中的絕大多數對公司是有強烈認同感和歸宿感的。20世紀70年代，塑膠花早過了黃金時代，根本無錢可賺。長江地產業當時的贏利已十分可觀，但長江集團仍在維持小額的塑膠花生產，這是李嘉誠顧念著老員工，給他們生計。李嘉誠說：「一間企業就像一個家庭，他們是企業的功臣，理應得到這樣的待遇。現在他們老了，作為晚輩，就該負起照顧他們的義務。」這是李嘉誠對員工的情義。香港多年來產生的「打工皇帝」，不少是出自李氏集團的高管人員。李嘉誠說：「雖然老闆受到的壓力較大，但是做老闆所賺的錢，已經多過員工很多，所以我事事總不忘提醒自己，要多為員工考慮，讓他們得到應得的利益。」正是李嘉誠將心比心，體恤員工，與員工分享利益，才使整個集團形成強大的凝聚力和向心力。

李嘉誠說：「我覺得，顧及對方的利益是最重要的，不能把目光僅僅局限在自己的利益上，兩者是相輔相成的，自己捨得讓利，讓對方得利，最終還是會給自己帶來較大的利益。佔小便宜的不會有朋友，這是我小時候我母親就告訴我的道理，經商也是這樣。」

對不能給予金錢回報的人，李嘉誠送出的是謙遜有禮，讓人收穫精神上的愉快。萬通集團董事長馮侖對此深有體會：

「李先生76歲，是華人世界的財富狀元，也是大陸商人的偶像。大家可以想像，這樣的人會怎麼樣？一般偉大的人物都會等大家到來坐好，然後才會緩緩過來，講幾句話，如果要吃飯，他一定坐在主桌，我們企業界20多人中相對偉大的人會坐在他邊上，其餘人坐在其他桌。飯還沒有吃完，李大爺就應該走了。如果他是這樣，我們也不會怪他，因為他是偉大的人。

「但是，我非常感動和意外的是，我們開電梯門的時候，李先生在門口等我們，然後給我們發名片，這已經出乎我們意料——李先生的身家和地位已經不用名片了！但是他像做小買賣一樣給我們發名片。發名片後我們一個人抽了一個籤，這個籤就是一個號，就是我們照相站的位置，是隨便抽的。我當時想為什麼照相還要抽籤，後來才知道，這是用心良苦，為了大家都舒服，否則怎麼站呢？

「抽號照相後又抽個號，說是吃飯的位置，又為大家舒服。最後讓李先生說幾句，他說也沒有什麼好講的，主要和大家見面，後來大家鼓掌讓他講，他就說我把生活當中的一些體會與大家分享吧。然後看著幾個老外，用英語講了幾句，又用粵語講了幾句，把全場的人都照顧到了。之後我們就吃飯。我抽到的正好是挨著他隔一個人的位子，我以為可以就近聊天，但吃了一會兒，李先生起來了，說抱歉我要到那個桌子坐一會兒。後來，我發現他們安排李先生在每一個桌子坐15分鐘，總共4桌，每桌都只坐15分鐘，正好一小時。臨走的時候他說一定要與大家告別握手，每個人都要握到，包括一旁的服務人員，然後又送大家到電梯口，直到電梯關上才走。」

有人會想，李嘉誠的客氣會不會因為他會見的是商人。其實不是，2007年，《全球商業》雜誌的記者採訪李嘉誠時也受到了禮遇：「在我們抵達之前，他已在會客室等候，見我們抵達，立即站起，掏出名片，雙手遞給我們。笑容讓他的雙眼如同彎月。財富並未在他身上留下刻痕，雖擁霸業，卻無霸氣。」

李嘉誠對他人的善意是發自內心的，他說：「我首先是一個人，再而是一個商人。」如今有太多的「成功人士」忘記了這一點。

能富且貴，不忘社會責任

2008年5月12日，四川發生大地震，李嘉誠在第二天就以李嘉誠基金會的名義，向四川地震災區捐助三千萬元人民幣賑災，第二輪捐助更達1.2億元，而這只是李嘉誠慈善事業的冰山一角。2006年8月，李嘉誠宣佈把其私人持有的約28.35億股長江生命科技股份悉數捐給李嘉誠基金會，這些股權總值約24億港元。李嘉誠還承諾，未來還將有鉅資投入，「直到有一天，基金一定不會少於我財產的三分之一。」據估算，基金會未來收到的捐款將超過80億美元。

2007年，中國民政部揭曉2006年度「中華慈善獎」獲獎名單，李嘉誠榮獲「中華慈善獎終身榮譽獎」。李嘉誠說：「內心的富貴才是財富。如果讓我講一句，『富貴』兩個字，它們不是連在一起的，這句話可能得罪了人，但是，其實有不少人『富』而不『貴』。真正的『富貴』，是作為社會的一分子，能用你的金錢，讓這個社會更好、更進步、更多的人受到關注。」

年輕時，李嘉誠曾經是金錢主義的追求者。因為他經歷過沒錢就沒有尊嚴、沒有家、無法讀書的困境。1956年，28歲的李嘉誠已經躋身百萬富豪。他的西裝來自裁縫名家之手，手戴高級腕表，開著名車，住著豪宅，甚至擁有遊艇。

但搬進新家的那天晚上，他徹夜難眠。他想起了16年前，一家人在月光下從潮州山區倉皇逃離的情景；到香港後必須搬開傢俱才能全家打地鋪入睡的辛酸；創業後以工廠為家，唯有機器運作的聲音能讓他安穩入睡、機器一停他就驚醒的日子……但為什麼現在富足的生活沒有讓他產生深深的幸福感？他起床駕車開到山上，望向維多利亞港思考：「我這麼有錢，身體很好，為什麼感覺不到快樂？我不喝酒、不賭博、不跑舞廳，我賺再多，也不過如此。」李嘉誠發現，金錢給人帶來的快樂滿足感在超過日常生活所需後不能持續。到第二天晚上，他終於找到答案：「人不是有錢什麼事都能做到，但很多事，沒有錢一點也做不到。我一路做，將來有機會，能對社會、對其他貧窮的人有貢獻，這是我來到世上可以做的。」

1980年代，擁有雄厚財力的李嘉誠開始實踐自己28歲時的心願，成立慈善基金。至2007年11月底，基金會捐款已逾港幣85億元。李嘉誠有過少年失學之痛，因此重視教育投資。父親因病去世、自己與肺結核奮戰多年則使他關注醫療。李嘉誠說：「我對教育和醫療的支持，將超越生命的極限。」

1981年，廣東潮汕地區第一所大學汕頭大學，在李嘉誠的資助下成立。李嘉誠從加拿大、香港挖角名師擔任各學院院長。其中的醫學院是中國最優秀的醫學院之一。李嘉誠還動用他的國際人脈，廣邀名人授課，例如請星巴克咖啡創辦人霍華．舒茲講授商業道德課程。在李嘉誠的公司面臨較大困難時，他也沒有停止對汕頭大學的資助。他在給汕大籌委會的信中令人感動地寫道：

「汕大創辦成功與否，較之生意上及其他一切得失更為重要……即使可能面對較大困難的經濟情況下，也一定要做這件有重大意義的事情。」李嘉誠到汕頭大學訪問時，學生和教職員工對他的愛戴和景仰之情溢於言表。

汕頭大學之外，香港大學、清華大學FIT未來互聯網路研究中心和長江學者獎勵計畫，都有李嘉誠基金會鉅資捐助的軌跡；2007年，中國殘疾人聯合會/李嘉誠基金會合作的第二期「長江新里程計畫」項目同時展開幫助十萬名殘疾人士安裝義肢、就業計畫；2008年5月，李嘉誠基金會宣佈推出第三輪地震災區支援計畫，全部免費替災區內所有斷肢災民提供義肢裝配服務及輪椅……

2003年春天的某個夜裡，75歲的李嘉誠為了基金會的未來，徹夜未眠。他年事已高，但他希望基金會能永遠地運作下去。但這需要有一大筆資金做基礎，才能錢滾錢，做更多的事。他陷入沉思：「幾十年的努力工作，每一分一毫都得之不易，都是清白的錢，卻要把這麼多的錢送給你不認識的人。這樣做值不值得？」

在李嘉誠的內心天平上，一端是他的骨肉至親，他絕不要下一代經歷他曾經經歷過的苦難；另一端是可實現他認為很重要的善事。他非常矛盾。就像47年前的那個夜晚一樣，李嘉誠再一次大徹大悟：「我現在有兩個兒子，如果，我不是有兩個兒子，而是有三個兒子，我是不是也要給第三個兒子一份財產？」只要將基金會視為第三個兒子，財產分三分之一給基金會，就理所當然。「這個思想上的突破，讓我開心了很多天！那種安慰、愉快的感覺，實在是筆墨難以形容！」2006年，李嘉誠宣佈捐出三分之一財產給基金會後，他跟家人說：「我一生可以成立這樣規模的基金會，心裡絕對不會惋惜。捐出來，是高高興興捐出來，去做，也是高高興興去做，一點都不會後悔。」

「財富到某一個數字，衣食住行都無虞，握在手裡的用途就不大。如果你不能做到慷慨割捨、有愛心的話，是沒有太大意義的，頂多就是遵照華人的傳統觀念，一代交給一代，如此而已。」李嘉誠說，「但如果，能將建設社會的責任，與延續後代一樣重要，選擇捐助財產有如分配給兒女一樣，那我們今日一念之悟，將為明天帶來更多的新希望。」李嘉誠的許多商界朋友對他說，「第三個兒子」的比喻也打開了他們的心結，他們也開始愉快地做起了慈善事業。

范蠡是當今很多中國商人的榜樣，但李嘉誠更推崇富蘭克林。富蘭克林是美國著名的哲學家、商人、政治家、發明家、音樂家，他出身清貧，卻以辦報、出版，展現他對公共事業的熱心，他的印刷業為他帶來財富，他又利用財富建立圖書館、學校、醫院。富蘭克林在美國成功獨立後，「讓位」給華盛頓，從另一方面協助建立美國的民主體制，美國人民稱他為「偉大的公民」。

李嘉誠評論說：「他們的人生座標完全不同。范蠡只想過他自己的日子，富蘭克林卻利用他的智慧、能力和奉獻精神，建設未來的社會。」「他們從商所得，雖然一樣毫不吝嗇饋贈給別人，但方法與成果卻有天壤之別。范蠡饋贈給鄰居，富蘭克林用於建造社會能力，推動人們更有遠見、能力、動力。」

當今的中國社會正面臨大轉型，商業浪潮席捲全國，無數人處於迷茫狀態：我們追求什麼？我們的商業公司追求什麼？

李嘉誠向人們奉獻了他的思考。

2004年6月，李嘉誠對汕頭長江商學院即將畢業的學子們說：「當你們夢想偉大、成功的時候，你有沒有刻苦的準備？當你們有野心做領袖的時候，你有沒有服務於人的謙恭？我們常常都想有所獲得，但我們有沒有付出的情操？我們都希望別人聽到自己所說的話，我們有沒有耐性聆聽別人？每一個人都希望自己快樂，我們對失落、悲傷的人有沒有憐憫？每一個人都希望站在人前，但我們是否知道什麼時候甘為人後？你們都知道自己追求什麼，你們知道自己需要什麼嗎？我們常常只希望改變別人，我們知道什麼時候改變自己嗎？每一個人都懂得批判別人，但不是每一個人都知道怎樣自我反省。大家都看重面子，但你懂得榮譽嗎？大家都希望擁有財富，但你知道財富的意義嗎？各位同學，相信你們都有各種激情，但你們知不知道什麼是愛？」

在2005年9月，李嘉誠進一步說出了他的理想與信念：「我相信有理想的人富有傲骨和誠信，而愚昧的人往往被傲慢和假象蒙蔽。強者的有為，關鍵在我們能否憑仗自己的意志堅持我們正確的理想和原則；憑仗我們的毅力實踐信念、責任和義務，運用我們的知識創造豐盛精神和富足的家園；我們能否將自己生命的智慧和力量，融入我們的文化，使它在瞬息萬變的世界中能歷久彌新；我們能否貢獻於我們深愛的民族，為她締造更大的快樂、福祉、繁榮和非凡的未來。」

「過去的六十多年，滄海桑田，但我始終堅持最重要的核心價值：公平、正直、真誠、同情心，憑仗努力和蒙上天的眷顧，循正途爭取到一定的成就。」早年的李嘉誠是華人光明正大創造財富的榜樣，晚年的他致力於社會的幸福與進步，是華人運用財富的楷模。李嘉誠達到了一位偉大企業家的境界。

第3章 松下電器公司

松下幸之助

以人道主義為本

松下幸之助是世界著名電器公司松下集團的創始人，他奠定了日本商業的精神，被尊稱為「經營之神」。日本歷史學家奈良本辰也曾說：「第一次見松下先生時，我幾乎要嘆一口氣：這是一副超越、容納一切，佛般的容貌，想像不出他會是那位給人感受強烈的作者。這時，我又發現那正直強烈的精神，也包容在那柔和的神態中。這可能就是為什麼他會說：『政治、經濟或學問，都是屬於人的；而現今在各方面，都把人遺忘了。』」松下幸之助的經營之道正是被很多人忘記的「以人為本」。

松下電器作為大公司，不免會有一種高高在上的感覺。松下幸之助嚴厲地指出，對每一個應聘者都應該善待，尤其是對那些條件不好、不符合錄用標準的人，更不能擺出一副鄙視、冷淡的樣子。因為他們來松下公司應聘，必然對公司有所期待、信任甚至關心。任何一個經營者，都應對社會上關心自己公司的人給予感激。我們每年花成百上千萬的廣告去讓大眾了解我們，現在不花分文，卻有一批大眾對我們的了解如此之深，面對此情此景，經營者真應該感激涕零了。

工業宗教：自來水哲學

1918年，24歲的松下幸之助用僅有的100元積蓄在日本大阪創立了僅有他和妻子以及弟弟三個人的松下電器製作所。經過努力奮鬥，松下電器接連推出了當時非常先進的配線器具、炮彈形電池燈以及電熨斗、無故障收音機、電子管等一個又一個成功的產品。7年之後，松下幸之助成了日本收入最高的人。財富的不斷累積似乎已經意義不大，松下幸之助開始對今後的方向進行深入的思考。1932年3月，一位朋友鼓勵松下幸之助信教，松下說自己從不信教。那位朋友說：「我過去也不信，但自從我了解宗教的價值之後，看到了自己從前處理人生諸事之謬誤，也發現以前惱人之事離我而去，精神非常愉快，我的事業也隨之興旺起來。我願與你分享信教之幸福。」雖然松下仍是婉言謝絕，但是朋友的誠摯與「掩飾不住的快樂」，卻留給他深刻印象。10天之後，這位朋友再次來邀請，好奇心驅使松下幸之助接受了邀請，到該宗教的總部去參觀。

好友向松下介紹說，在製材所（製造木材的地方），每天都有大約100個義務工人，把從全國各地方信徒捐獻來的木材，製造成柱子、天井、棟梁。每天有100個人來從事製材的工作，真有那麼多的用途嗎？松下幸之助有所懷疑，問道：「主殿蓋好了之後，製材所不是就沒有用處了嗎？」好友很有把握地說：「松下先生，你不用擔心，正在建設的房子蓋好了以後，還會有其他的，每年都有建築物要蓋。我們必須擴大，絕對沒有縮小之理。」松下幸之助聽了非常欽佩，這種永遠擴大的事業是企業家很難做到的。

他們一走進製材所，就聽到馬達和機械鋸子鋸斷木材的聲音。在轟隆轟隆的雜音裡，在滿地堆放的木材邊，只見很多工人流著汗，認認真真地從事製材工作。那種態度，有一種獨特的、嚴肅的味道，和一般木材製造廠的氣氛截然不同。規模如此龐大而又肅穆的場面令松下幸之助十分驚奇與感動，不由得再三詢問自己：我們的敬業精神與他們的最大差別到底在哪裡呢？

回到家之後，松下幸之助仍然思緒不斷。到了半夜，他還在繼續思考著。松下幸之助突然想到：宗教是給予人們精神幸福的神聖事業，企業是給予人們物質幸福的神聖事業，二者缺一不可，因此我們的工作也是至高無上的偉大事業。悟到這一點後，松下幸之助激動不已，偉大的使命讓他有了繼續奮鬥的強大動力。

1932年5月5日，松下幸之助把全體員工集合在大阪中央電器俱樂部的禮堂，發表了松下公司90年歷史上最重要的一次演講：

「松下電器創業至今，可謂披荊斬棘，對產品下了很大的工夫，建立了物美價廉的銷售政策。我們在宣傳廣告以及海報設計等方面，也有驚人的表現。這是各位都知道的。接著更進一步，建立了健全的代理店銷售制度。我一直在忙碌中度日。松下電器現在已經有十幾個工廠，雖然都是小工廠，數量也很可觀了。專利品也有280多件。最近研究人員增加不少，申請專利品每日平均十幾件。在金融方面，獲得了銀行的信用，因此資金能順利周轉。到了今天，雖然是私人經營，但也已成為一個強大的工廠。可是我冷靜地思考，這樣的發展，也只不過是一種生意人的成功而已，工廠方面也只不過是經營有方而已。雖然我認為目前的景象讓人欣慰，但另一方面，我的心中卻有了疑問：我們可以滿足於現況嗎？

「最近，我參觀了某宗教總部，那種盛況令我驚異。於是我開始考慮：到底宗教的使命何在？和生產業者的使命，不正有相似之處嗎？都是為了更幸福的人生而努力。企業家的使命，是要使貧窮徹底消失。作為生意人或生產者，其目的並不單單是使零售店和經銷商繁榮，而是要使社會上的每一個人都能富有。製造商和商店只不過是社會繁榮的工具而已，所以商店和製造商的繁榮是次要的。那麼如何達到人人富有這個使命呢？唯一的方法，就是生產再生產。今日的各水泥公司，雖然有很好的設備，卻不肯降低售價。從產業人的使命來看，這一點我認為是應該檢討的。偷取加工過的有價值的東西，大家都知道，應該受到處罰。可是，儘管自來水是加工過的很有價值的東西，如果有一個乞丐，打開水龍頭痛飲一番，大概不會受到處罰。這是什麼道理呢？是因為水量太豐富的緣故。連直接能夠維持生命的自來水，只要它的產量豐富，偷取少許，都可以被原諒。這個事實告訴我們：生產者若把生產物質變成如自來水一般無限多，就可以降低售價，消除貧窮。宗教道德給人精神上的安定，充分的物質供給能使人身體舒適，雙方面都能夠圓滿，才能真正獲得幸福。我們從事實業的人，真正的使命就在這裡。現在我要告訴各位，松下電器的真正使命，就是生產再生產，使物質變成無限多，使人們能買得到便宜的東西，過舒適的生活。

「那麼怎樣才能完成這個使命呢？其方法和順序如下：從今天起，往後算250年，作為完成使命的期間。把250年分成10個階段。再把第一個25年分成3期，第一期的10年，當作建設時代。第二期的10年，當作活動時代。第三期的5年，當作是貢獻時代。以上三期，第一階段的25年，就是所在的各位所要活動的時間。第二階段以後，由我們的下一代，用同樣的方法重複實踐。第三階段，也同樣由我們的下一代，用相同的方法重複實踐。以此類推，直到第十個階段。換句話說，250年以後，要把這個世界變成一片物質豐富的樂土。

「如上所述，我們的使命，既任重又道遠。從此刻起，我們要把這個遠大的理想和崇高的使命，當作我們松下電器的使命。你們應該自覺、勇敢地接受使命，若某人沒有這種自覺的意識，我認為他是與我們松下電器無緣的人。我們並不希求人數眾多，我們需要的是，有使命感的人團結起來，朝著目標前進，這才是有意義的事。在此我必須聲明一句話：我們的使命重大，理想崇高，因此，有時我不得不以嚴峻的態度要求你們。可是對各位的辛勞，我一定會重重地酬謝。

「松下電器從未設立過創業紀念日，也未曾舉辦過紀念典禮。可是今天我要指定5月5日是我們的創業紀念日，以後每逢這一天，一定要舉行隆重的典禮來祝賀。我要把今年取名叫『命知』創業第一年，以後應當是命知第二年、第三年，以此類推，直到命知250年。『命知』的意義就是『知道生命』的意思。過去15年，只是胚胎期，今天，新的生命終於誕生了。釋迦牟尼在母親胎中等了3年零3個月的時間，所以他異於常人、不平凡的創舉。松下電器在母親肚子裡，待了整整15個年頭，我們應該有超越釋迦牟尼的表現，完成我們的任務才行。」

聽完了松下的宣言之後，全體員工深受感動。那天會議的情景非常熱烈，緊接著老員工、新員工一個接著一個爭先恐後搶著上台講話。主持人為了使每個人都能上台講話，不得不將3分鐘發言改為2分鐘，後來再縮短成1分鐘。會場中的每個人都很激動，甚至有人說願意為這個使命犧牲生命。松下幸之助做夢也沒有想到他的偉大理想會得到所有員工如此熱誠的回應，他覺得有了這些年輕人的熱情，相信不需要250年，松下公司就能完成這項神聖的使命。

那天以前，松下公司的全體員工也很努力，但那天以後，每一位員工的精神都比以前更飽滿、更賣力。松下幸之助更加深刻地領悟到，任何事情，要成功，必先確立崇高的目標，然後一步一步踏穩腳步，向前邁進。除此之外，別無他法。

顧客至上的完美服務品質

顧客購買產品總希望買到稱心如意的商品，稱心不僅來自產品本身，也來自產品銷售者的服務品質和服務態度。自來水哲學講的是產品的生產，松下幸之助對產品的銷售服務同樣重視，這是松下電器「顧客至上」的應有之義。

對於「廠價銷售」、「讓利銷售」、「有獎銷售」、「配送銷售」、「降價銷售」等形形色色的促銷法，松下幸之助不太重視，他認為這些都是促銷法的皮毛、枝節，根本的問題在於服務。顧客希望買到優質的產品，並在購買的時候受到熱情的接待，在售後能獲得周到的服務，這才是企業經營要注意的重點。松下幸之助說：「在任何場合，都應在服務的範圍內做買賣。如果對於銷售的產品無法做完全的服務，這時就應該考慮把銷售的範圍縮小。」他對服務的重視由此可見一斑。

松下幸之助集70餘年經營經驗，總結出30條經營秘訣，其中有16條是在講服務品質：

1.不可一直盯著顧客，糾纏不休，要讓他們輕鬆自在地盡興逛店，否則顧客會被趕走。

2.能否把顧客看成自己的親人，決定了商品的興衰。只有把顧客當成自家人，將心比心，才會得到顧客的好感和支持。因此，要誠懇地去了解顧客的需求。

3.銷售前的奉承，不如事後的服務。生意的成敗，取決於能否使新顧客成為常客。而要做到這樣，就得看是否有完美的售後服務了。

4.要把顧客的所有責備當成神佛的呵護，傾聽顧客意見後立即著手改進，這是做好生意絕對必要的條件。

5.只花一元的顧客，比花一百元的顧客，對生意興隆更具有根本影響力。小顧客是多數，對他們的熱情接待可以給商店帶來源源不斷的生意。

6.不是賣顧客喜歡的東西而是賣對顧客有用的東西，這樣是真心為顧客著想，當然，也要尊重顧客的嗜好。

7.無論發生什麼情況，都不要對顧客擺出不高興的臉孔，這是商人的基本態度。切記遇到顧客前來退換貨品時，態度要比出售時還要和氣，這樣才能換來顧客的滿意。

8.當著顧客的面斥責店員，或夫妻吵架，這同樣是對顧客的不禮貌。

9.廣告是把商品情報正確、快速地提供給顧客的方法。因此宣傳好商品和出售好商品一樣，是件善事。為好商品打廣告也是企業對顧客應盡的義務。

10.即使贈品是一張紙，顧客也會高興的。如果沒有贈品，就贈送「笑容」。贈品送久了會失去新鮮感，但笑容是魅力長存的。松下幸之助說：「雖然招待顧客旅遊的方法不錯，但只要以一顆隨時感謝的心，用笑容接待經常光臨的顧客，那麼即便沒有招待旅遊的活動，顧客也會滿意的。相反的，如果缺少笑容，即使招待顧客觀光，也無法與顧客維持良好的合作關係。」

11.要不時創新、美化商品的陳列，這是吸引顧客登門的一個秘訣。

12.商品賣完缺貨，等於是怠慢顧客，這時理應道歉，並留下顧客的地址，說「我們會盡快補寄到府上」。但漠視這種補救行動的商店特別多。平日是否注意累積這種能力，會使經營成果有極大的差距。

13.要節約生產經營的成本，爭取低價。對殺價顧客就減價，對不講價的顧客就高價出售，這種行徑對顧客是極不公平的。對所有顧客都應統一價格。

14.孩子是「福神」，先照顧好跟隨來的小孩使顧客心裡舒服，是永遠有效的經商手法。

15.商店應該營造顧客能輕鬆愉快進出的氣氛。敞開商店的大門，並且精神飽滿地工作，使店裡充滿生氣和活力，顧客自然會聚攏過來。

16.要得到顧客的真心讚美：「只要是這家店賣的，就是好的。」商店如人，也有自己獨特的面孔，因為信任那張臉、喜愛那張臉，人們才會去光臨。

松下電器——製造人才的公司

松下電器致力於為人類提供無限豐富的物質產品，並且要為顧客提供第一流的服務，這都需要大量的優秀人才。松下幸之助曾問過業務部的下屬：「在拜訪客戶的時候，如果客戶問你們松下電器到底是製造什麼產品的公司，你們會怎麼回答？」業務部的人事課長回答道：「松下電器是製造電器產品的。」松下幸之助說：「松下電器是製造人才的公司，兼做電器產品！」

松下幸之助認為，自己一個人的能力是有限的，松下電器公司不能僅僅靠總經理經營，甚至依靠所有幹部經營也不夠，而是要靠全體員工的智慧來經營。培育人才，開發他們的智慧，這是松下公司實現偉大理想的基礎性工作。

松下公司制訂了長期人才培養計畫，開辦了關西地區職工研修所、奈良職工研修所、東京職工研修所、宇都宮職工研修所和海外研修所等八個研修所和一所高等職業學校，供全體員工進修。現在松下公司課長、主任以上的幹部，多數是公司自己培養起來的。松下公司事業部長一級幹部中，多數是有較高學歷的、熟悉現代企業管理的，不少人會一門或幾門外語，經常出國考察，有相當的知識優勢。

在如何培養與使用人才上，松下幸之助有自己獨到的見解：

1.注重員工的品德培養。如果員工缺乏應有的品德鍛鍊，就會在商業道義上產生不良的影響。

2.注重員工的精神教育。松下幸之助力主培養員工的向心力，讓員工了解公司的創業動機、傳統、使命和目標。

3.要培養員工的專業知識和正確的價值判斷。員工如果沒有足夠的專業知識，就不能滿足工作上的需要，人與知識相結合才能擁有強大的力量；沒有統一的價值觀，公司就是一群烏合之眾，員工如果總能依據公司價值觀判斷事務，做事時就能盡量減少失敗。

4.訓練員工的細心。細節往往足以影響大局。如果員工犯一點差錯，就可能招致不可挽回的局面，因此培養員工的細心至關重要。

5.培養員工的競爭意識。無論身處政壇或者商場，都因比較而產生督促自己向上的力量，有競爭意識才能徹底地發揮出潛力。

6.教育的中心是以培養一個人的人格為第一。一個具有良好人格的人，在工作環境條件好時，能夠自我激勵，一天天地進步。在形勢不好時，也能承受壓力，以積極的態度度過難關。

7.人才搭配要合理。在用人時，必須考慮員工之間的相互配合，如此才能發揮個人的聰明才智，這是人事管理上的金科玉律。松下幸之助舉例說，有三個能力、智慧高強的企業家合資創辦了一家公司，他們分別擔任會長、社長和常務董事的職位。但沒想到三個頂尖人才一起經營卻不斷地虧損，讓人覺得很不可思議。企業集團的總部研究解決對策，最後的決定是請這家公司的社長離開。不可思議的情況再次發生。在留下的會長和常務董事兩人的齊心努力下，竟然發揮了公司最大的生產力，在短期內就使生產和銷售額都達到原來的兩倍。而那位離開的社長，自從擔任別家公司的會長後，反而更能充分發揮他的經營才能，也做出了不錯的業績。

所以，公司裡不一定每個職位都要選擇精明能幹的人來擔任。如果把十個自認一流的優秀人才集中在一起做事，每個人都有其堅定的主張，那麼事情就無法決斷。但是，如果十個人中只有一兩個特別傑出，其餘的才識平凡，傑出的人負責決策，其餘人真心服從指揮，事情反而可以順利進行。

8.用一個人，就要信任他；不信任他，就不要用他，這樣才能讓下屬全力以赴。用人最重要的技巧就是信任和大膽地委派工作。通常一個受上司信任，能放手做事的人，都會有較高的責任感，會自動自發地去努力。相反的，如果上司不信任下屬，會使下屬覺得他只不過是奉命行事的機器而已，對於交付的任務也不會全力以赴了。領導者如果能培養起信任別人的度量，不但可以提高辦事效率，還可以營造和諧的氛圍。

9.創造能讓員工發揮所長的環境。在日本，愈大的機構愈不容易發揮效率。公務員和大企業的員工並不是不想好好地幹，而是缺少使他們勤奮工作的環境。身處不能施展才幹的工作氣氛中，容易有「多一事不如少一事」的傾向。企業越大，官僚作風就越濃厚。

大企業往往只能發揮員工70%的能力，中、小企業卻能發揮百分之一百甚至百分之兩百的工作效率。因為中小企業的員工如果不努力工作，企業就無法生存。這是中小企業很大的長處，大企業應該積極地向它們學習，隨時促進組織或制度上的專業化，分工的細密等，創造出能充分發揮員工能力的環境。

10.適時地提升員工是最能激勵員工士氣的方法，這也有助於帶動其他員工的努力。提升員工職位，應以員工的才能高低作為職位選定的主要標準，資歷應列為輔助。如果確信某個員工有60%的能力，便可試用另一較高的職務。這其中有40%是冒險因素，他不一定能勝任，但被提拔的員工常因公司的信任和支持而努力工作，最終不負眾望，將業務管理得有條不紊。可見，關於職員的職位提升，還不能缺少冒險的勇氣。

由於松下幸之助長期堅持對人才的培養，最終極大地提高了工作效率，改善了產品及工作品質，使企業獲得了持續快速的增長。

終身雇用&透明化經營管理

松下公司基本上沒有裁員的歷史，松下幸之助推行員工終身雇用制。這體現了對人的尊重和關懷，員工備受公司尊重，當然會熱愛自己的公司。松下幸之助認為，要為顧客服務，必須先為自己公司的員工服務，如果連自己人都不滿意，談何服務顧客呢？談何優秀服務呢？松下電器公司因此給員工提供了很多精神和物質上的滿足。

松下公司提倡「玻璃式經營法」，即透明經營：

1.核心內容是公開經營目標。松下幸之助很注重向員工揭示目標，每年每月從不間斷。這種公開可以喚起員工的責任感和工作熱情，例如1932年公司使命的宣佈給每一位員工都提供了夢想的機會。

2.公開經營實況。松下幸之助把喜訊帶給員工，請大家分享成功的歡樂；他也把壞的情況都說出來，依靠大家的力量，一次次度過難關。

3.公開財務狀況。這種方法可激發員工的進取熱情，大家聽到贏利結果，都興奮地認為，這個月如此，下月要更加努力。

4.技術公開。松下幸之助曾經為了合成材料的配方而苦苦探索，可是當他自己招收員工生產時，卻把這種在別家公司視為「最高機密」的配方、技術等，都告訴了工人。松下幸之助的理由是：「公司成員之間彼此信賴，至關重要。小心謹慎地保守秘密，心事重重地經營，實在費力，也難有好的成效，對培養人才不利。」

松下幸之助的「玻璃式經營法」是對員工的一種尊重，能讓員工感覺自己確確實實是公司的一員，他們把公司的事業看成是「自己的事業」，從而激發了一股蓬勃的朝氣。松下幸之助說：「為了使員工能有開朗的心情和好的工作態度，我認為採取開放式的經營確實比較理想。」

集思廣益，全員經營，是松下電器公司一貫遵循的原則，這也巧妙地使員工們對公司產生親切感，營造出一種命運與共的氛圍，員工們都積極參與提供合理化建議活動。全公司沒有上下的區別，誰想到了好主意，就提出來，共同經營松下公司。松下公司的一位管理者說：「我們的員工隨時隨地——在家裡、在電車上，甚至在洗手間裡——都在思索提案。」松下說：「如果職工無拘無束地向科長提出各種建議，那就等於科長完成了自己的一半，或者是一大半；反之，如果造成唯命是從的局面，那只有使公司走向衰敗。」

對於員工提出的合理化建議，有的讚揚，有的獎勵，貢獻大的給予重賞。凡未被採用者，提案發還本人，說明未被採用的原因，這樣，他們也能獲得成長。松下公司還在這項活動中，發現、選拔人才。松下幸之助起用山下俊彥是一個典型例子，山下俊彥原是一名普通雇員，但他對公司內部因循守舊等弊端看得很透徹，提出了很好的改革建議。松下幸之助認為他是松下家族中少有的傑出人員，於是松下不計門戶出身，力排眾議，破格起用山下俊彥擔任總經理。山下俊彥上任六年，公司利潤增加了近一倍。

在物質方面，松下幸之助致力於不斷提高員工的薪資收入。1951年，松下幸之助到美國學習經營理念和發展方式。當他得知通用電氣的員工薪資水準時，很是吃驚。在當時，通用電氣生產的標準收音機在商場售價為24美元，工人只要工作兩天就可以買一台；而松下電器的工人得工作一個半月才能買一台。他決心提高松下公司的生產效率，進而提高員工的薪資水準。1971年，經過不懈努力，松下電器的薪資趕上了號稱歐洲薪資最高的德國，大大縮短了與美國的距離。松下幸之助還說：「既然雇用店員為自己工作，就應在待遇、福利方面制定合理的制度——這是理所當然的用人基本法則。」他制定的「員工擁有住房制度」規定了「35歲能夠有自己的房子」；松下幸之助還將兩億日圓私人財產贈給員工設立福利基金；松下公司並實行支付給死亡員工家屬年金的「遺族育英制度」等。

松下公司的營業額從二次大戰後至今，增加了四千多倍，這與物質和精神的雙重激勵是分不開的，它們「產生了無法想像的偉大力量」。

第4章 軟體銀行集團

孫正義

用意志成就眼光

有這樣一個人，在互聯網領域，他的名氣或許不及微軟的比爾·蓋茲，甚至不及雅虎楊致遠，但他對電腦的情有獨鍾卻並不比他們差；在風險投資領域，他那種重拳出擊的方式頗有喬治·索羅斯的風範；在選擇出手對象反面，他又頗有世界上最傑出的證券投資者華倫·巴菲特的感覺。他就是被人們稱為「電子時代大帝」的互聯網產業造夢人——孫正義。

軟體銀行集團的創始人、總裁孫正義在不到20年的時間裡，創立了一個無人可以媲美的網路產業帝國。這個帝國並不是受他統治的帝國，而是一個由他支援扶助的高科技產業帝國。然而，當他在這個帝國裡身價過億、財富位居世界前列時，他卻依然雄心勃勃，一心想要拿下整個世界。不管他的這一夢想能否實現，我們依然不得不肯定他的影響。

決定好了就往一路前衝

發現一個重要的發展機會後，就能排除萬難，按部就班地堅決執行，這是孫正義的成功之道。這在他非比尋常的少年時代經歷中就可看出。

孫正義早年十分崇拜日本麥當勞社長藤田田，此人把麥當勞連鎖店開遍日本。為了與偶像見上一面，他專程坐飛機到東京。藤田對他說：「我不能建議你將來做什麼，但我建議你去美國留學，也許你會找到你的理想。」藤田還建議他學習英語和電腦。

對藤田的眼光，孫正義是完全信服的。16歲那年，孫正義利用高一暑假，到美國加州去學一個月的英語。在那裡一個月，孫正義完全被美國與加州所吸引，使他覺得「人生太短暫了，不能再在日本每天悠然地去上學」。一回到日本，孫正義就宣告：「我要退學，到美國去。」他突如其來的想法讓所有的人大吃一驚，但母親的哭泣和大家的嘲諷並沒有使他退卻。1974年2月，年僅16歲的孫正義孤身一人踏上了前往美國的征途。

孫正義曾反覆向人提起剛到美國不久發生的一個重要事件：他與單晶片電腦的偶然相遇。1974年秋天，他偶然買到一本《大眾電子》，裡面刊有一幅英特爾生產的電腦晶片的放大照片。

「讀了文章，我才恍然大悟，這就是電腦！」「當我發現實際的電腦體積竟然如此之小時，我想如果將這些晶片大批量生產的話，將帶領全世界進入個人電腦的時代。如果技術更進一步發展，也許可以創造出超越人類的人工智慧生物。想到這裡，我感到一股前所未有的衝擊與興奮，不禁流下淚來，久久無法自抑。」「我要搞電腦，企業家應走的路是電腦行業。」自那以後，孫正義把這張照片當成心肝寶貝，晚上睡覺也要放在枕邊。後來，他聽說比爾．蓋茲也在同一時間看到了這一期《大眾電子》，並退學創業，感到興奮不已。

在加州大學柏克萊分校的時候，為了不過度依賴父母寄來的生活費，孫正義要求自己在一年內每天進行一項發明。如果他選擇打工賺錢的話會犧牲念書的時間，如果是發明的話，一天可能只要花5分鐘時間，一旦他的發明商品化之後，一個月也許可以取得100萬日圓以上的專利收入。

下定決心後，孫正義就認真執行著這一計畫。一年後，在他的「發明研究筆記」中一共洋洋灑灑記載了250項發明。19歲時，孫正義開始為他的多國語言翻譯機的商品化奔走。他所構思的多國語言翻譯機是電子字典、電子語音合成器與電腦的組合。鍵盤採用日文輸入，輸入日語單字後，機器便會翻譯成英文，並以英語發音。

在250項發明中，孫正義為什麼要率先挑選多國語言翻譯機？這是和他的電腦夢分不開的，孫正義說：「當時市面上還沒有這種機器，而我自己卻很想要一台。就算是無法將電子翻譯機推銷出去，只要能因此接觸小型電腦領域並取得經驗或技術，也可以活用在其他的發明上……」

孫正義並非工程師，不可能自行製造多國語言翻譯機。於是他立刻列出一張小型電腦領域中著名的大學教授名單，一一向每位教授說明自己的構想，請他們協助他製作雛型機。結果可想而知，他遭到了大多數教授的拒絕，只有一位摩薩教授對他說「*Yes*」。孫正義以摩薩教授為首成立了一個多國語言翻譯機雛型機研發小組。當時，孫正義手上並沒有多餘的資金，因此他特別請求他們等取得專利費後，再支付報酬。

1977年夏天，孫正義利用暑假，與摩薩教授帶著雛型機回到日本。孫正義對他的多國語言翻譯機信心十足，日本企業界的反應卻不是很好。孫正義回憶當時的情形：「我事前先發信給50家家電廠商的社長，並親自拜訪佳能、歐姆龍、橫河惠普、卡西歐、松下電器、夏普等10家公司。佳能與歐姆龍表現出相當感興趣的樣子，至於松下等大多數廠商則僅派出代表承辦人員接待。在我個人心中，夏普是第一優先，卡西歐則是第二優先。夏普公司承辦人員的質詢相當尖銳，這表示該公司對我的東西相當感興趣，並沒有給我不好的印象。」

雖然在他心中排名第一的夏普，並沒有給他惡劣的感覺，但是也沒有給他可以立即簽約的樂觀感覺。

19歲的孫正義於是心生一計，打電話給大阪的律師公會，請對方介紹一家熟悉夏普公司的律師事務所給他。他得到了曾經服務於夏普專利部的西田律師的協助，西田律師打電話給當時夏普技術本部的部長佐佐木正和副部長淺田篤，介紹了孫正義及他的發明。

隔天，孫正義立刻打電話到夏普公司，約好見面的細節，同時緊急請來九州的父親同行，一道去拜訪夏普公司。「在日本，不用想也知道一家大企業不會和一個在學的19歲學生簽定專利契約，因此我請來父親陪我前往。父親當然很樂意協助兒子完成第一筆生意，但是整個談判過程完全是我自己掌握。」

在與「日本電子產業之父」佐佐木的會面中，孫正義一面操作多國語言翻譯機，一面說明，清楚地回答佐佐木與淺田所提出的各種問題。在這一過程中，佐佐木已經強烈感覺到孫正義所擁有的某種天賦。

「他到松下推銷失敗後，便到我這邊來。一開始，他一副垂頭喪氣的模樣。但是，當他從包裹中拿出翻譯機的雛型機，開始操作後，表情就不一樣了。他一心一意地說明，只希望我能了解他來找我並非為了賺錢，而是傳遞自己的信念。那種認真的表情，實在太棒了。這樣的年輕人已經不多見，我決定好好栽培他。」佐佐木當場決定以4000萬日圓買下他的多國語言翻譯機。由於這台翻譯機雖然標榜「多國語言」，但當時只有英語版的翻譯軟體，佐佐木因此委託孫正義繼續開發德語版與法語版軟體。夏普公司支付的全部費用合計約1億日圓（100萬美元），這是孫正義有生以來賺到的第一筆錢。

「當時孫正義還很年輕，看來不是很專業，我雖然委託他開發翻譯軟體，內心還是很擔心的，因此我特別到柏克萊去了一趟。一到那邊，看到這批年輕人聚精會神工作的模樣，更令我感受到年輕人朝氣蓬勃的一面。」佐佐木後來說道。從那時起，孫正義的堅定意志就是他征戰商場的最強大武器。

一開始就要策劃好和最大、最優秀的公司合作

孫正義還在美國求學的時候，就設計了「50年計畫」，從創業到功成身退，每十年的進度一一寫上。他1980年從柏克萊大學畢業後，就回到了日本。他並沒有急於開公司賺錢，而是花了很長時間來慎重決定從事什麼行業。拜訪了各式各樣的人，閱讀了許多書籍與資料，孫正義一共選出40項可能從事的事業。針對這40項事業，他又展開一連串的市場調查，將結果與檢查項目表對照，分別編制出十年份的預估損益平衡表、資產負債表、資金周轉表，以及組織圖。他篩選的標準是：是否能夠讓他在今後50年間集中全部心力投入的事業？是不是其他人想不到的獨特事業？未來十年內是否可以至少在日本名列前茅的事業？在忍受了只花錢不賺錢的一年半時間後，他最終選中個人電腦用軟體的流通事業（批發業）。

1981年9月，孫正義在大野市創立日本軟體銀行，資本額一千萬日圓。創業之初，困難重重，在別人公司的一間房子裡，只加了兩張桌子，軟銀帝國就開張了。公司成員除了他自己之外，只有兩名以前幫他做市場調查的職員。孫正義將一個裝蘋果的箱子搬進辦公室，站在箱子上對兩名下屬進行了就職演講：「5年以內銷售規模達到100億日圓。10年以內達到500億日圓。要使公司發展

成為幾萬億日圓、幾萬人規模的公司。」僅有的兩名下屬認為他不正常，被嚇跑了。

軟銀成立1個月後，爭取到10月份在大阪舉辦的電子展攤位。孫正義投入800萬日圓，取得最靠近會場入口、也是最大的攤位。對一家資本額才一千萬日圓的公司而言，一口氣大膽投資800萬日圓，可說是相當冒險的舉動，而且他是在沒有任何展示商品的情況下租得最大的展示攤位。

孫正義的觀點是：「沒有軟體商品，就無法開拓銷售通路；沒有銷售通路，就無法銷售進貨的軟體商品，這好比雞生蛋還是蛋生雞的問題。但推動事業總要有個開始，所以我才毅然投下800萬日圓來打知名度。」

孫正義一方面爭取攤位，一方面打電話給當時具有影響力的軟體廠商，開出免費提供展示場地、免租金與裝潢費，以及不需要提供個人電腦等條件，邀請廠商參展。

最早決定參展的是製造個人電腦用薪資計算軟體的內外資料服務公司，但公司的營業部長清水洋三聽到這個消息的第一反應是：這會不會是個騙局？經過軟銀公司職員的解釋，清水洋三有了興趣。過了不久，清水去拜訪剛從美國回來的孫正義。

他回憶說：「太陽直接照進孫正義的辦公室，室內又沒有冷氣，更是炎熱。孫正義非常高興見到我為電子展的事情去拜訪他，連續兩個小時喋喋不休地給我分析美國個人電腦市場的現狀，以及日本的個人電腦市場；他自己做了些什麼，以及未來的方向等。當時市面上剛出現像玩具般的個人電腦，但孫正義滔滔不絕地說，將來個人電腦會和汽車一樣，甚至比汽車更普及，成為生活上不可或缺的商品。他的這番話讓我看到一個新世界。」談完後，孫正義送清水到車站去搭車。「那次見過面，孫正義就成了我的偶像。後來我才知道，當時他的B型肝炎已相當嚴重，儘管如此，他還是頂著炎熱的太陽送我到車站，到現在我還是感到相當抱歉。」

整件事情雖然令眾多軟體公司覺得奇怪，但免費參展畢竟不是件壞事，最終一共有13家軟體廠商表示感興趣。經過一番努力，在電子展期間，日本軟體銀行的攤位參觀者絡繹不絕。孫正義在這場電子展放手一搏，使軟銀在軟體流通界一下子打響了名號。從此，尋求孫正義幫助的公司便越來越多。

上新電機是日本一家個人電腦大型專賣店「J&P」，1981年10月24日在大阪市成立第一家公司。它的大樓總共八層，規模是當時日本最大的，陳列在其中的軟體與硬體商品也是日本最多的。而且它的規模優勢頗能吸引人氣，除了關西地區的消費者之外，還有遠從東京慕名而來的電腦玩家，從開幕那天起，一連好幾天商場都是人潮洶湧，並創下原訂計畫三倍的營業額紀錄。

但一直在店面與顧客接觸的上新電機第一販賣部部長藤原仍感到不滿足：「我們相當自豪能提供日本最齊全的軟體商品，事實也是如此，當時店內一共陳列了300種各式各樣的軟體。儘管如此，無法滿足想要購買某種軟體顧客的例子也相當多，真是沒面子。」

想要成為「日本第一」的軟體商品銷售店，勢必要充實商品種類。但20世紀80年代的日本軟體流通網路不像現在這麼齊備，軟體廠商幾乎都是小型企業，且非常分散，銷售方式大多以郵購為主。要想提供齊全的商品種類，需要花費龐大的人力，藤原於是想到去找彙集各種產品的流通業者。藤原的朋友告訴他一條重要資訊：在大阪舉辦的電子展上有一個年輕人租到會場中最大的攤位，並展示數十家軟體商品，他名叫孫正義。他朋友的公司也參加了孫正義攤位的展出。

藤原立刻在1981年12月上旬打電話給孫正義。「他完全不曾聽過上新電腦機與『J&P』，因此我從頭開始一一向他說明，請他幫我們充實軟體商品。他聽完後立刻回答：『謝謝您，請您務必給我們這個機會。』……」

就在藤原打電話的第二天，上新電機的總經理淨弘博光剛好要到東京出差，他和搬到了東京的孫正義見了面。「我向淨弘先生表示，我沒有經驗，也沒有資金，但是對這項工作的熱情不輸給任何人。我一定會集中日本所有的軟體商品，請他務必與我簽訂獨家代理契約。淨弘先生當場答應我，並承諾一起努力。」淨弘博光對孫正義的印象是「一位充滿幹勁、朝氣蓬勃的年輕人，孫先生和我年輕時很像。」受到淨弘讚賞的孫正義，終於成功地與上新電機簽訂了獨家代理契約。

藤原笑著回憶說：「我請孫正義在一月底前到全國各地去搜集軟體商品，全部把它們買回來。對軟體銀行而言，這是第一宗生意。我萬萬沒想到他竟然搜集到那麼多的軟體（100來家左右軟體廠商的軟體），最後這些軟體只賣出去1/3而已。」

與上新電機合作不久，孫正義又成功地與日本最大軟體公司哈特森簽了獨家代理契約。當時哈特森的總經理工藤裕司會與孫正義見面，也是因為大阪的電子展。

孫正義與工藤裕司第一次接觸時，他說：「我已經取得電子展的攤位，希望貴公司能夠在我們的攤位中展出軟體商品。」當時工藤裕司並沒有答應孫正義的請求，但是他對孫正義這個人產生了興趣。他把孫正義介紹給實際負責公司經營的弟弟工藤浩：「這個人很有趣，你可以跟他見個面。不妨幫幫他的忙。」

最初，哈特森在電波新聞社的《MYCOM》雜誌上刊登廣告，開始郵購業務，銷售成績出乎意料的好。電波新聞社一看，也想投入流通領域，透過他們自己的分公司網路，銷售哈特森的軟體。後來，專營電子零件批發的夏普集團子公司NIDECO，也表示有意代理哈特森公司的軟體流通。日本軟體銀行緊隨其後，也加入這個領域，成為繼電波新聞社與NIDECO之後，第三家希望代理哈特森軟體的流通公司。

與電波新聞社及NIDECO相比，軟體銀行缺乏實際的業績表現、缺乏信用紀錄，也沒有資金，唯一有的只是孫正義的理想與熱情。儘管如此，孫正義還是積極向工藤爭取代理權：「請您將哈特森的軟體全部交給我處理！」

工藤浩回憶說：「我被他的個性所吸引，第二次見面，我就知道這個傢伙很厲害！聽完他的話，我就知道他不是騙子，他是玩真的。由於他這個人，我想賭上一賭。但是，生意畢竟是生意，於是我提出我的條件，想取得哈特森的獨家代理權很簡單，只要在12月底前準備三千萬日圓就可以。想讓公司成為日本第一的人，如果連三千萬日圓都籌不到，以後的事就免談了。孫正義聽了雖然相當驚訝，但還是在我們約定的期限內將錢匯來了，這樣我才和他簽下了獨家代理契約。」

孫正義就此事談了自己的生意經：「要和別人合作，一開始就要策劃好和最大、最優秀的公司合作，這是我的觀點，為此我也盡了全力。一旦合夥成功，剩下的，你不用吭聲就能做好了。」

「一旦下決心成為第一，便積極朝著這個目標努力邁進，這是我個人的工作信條。只要我集中所有的精力，成功建立起日本第一的地位，往後就算什麼事都不做，公司業務也會持續成長下去。例如，自從與上新電機及哈特森締結獨家代理契約之後，許多零售店與軟體公司紛紛打電話來，表示希望成為日本軟體銀行的加盟店。我們的加盟店家數因此一口氣快速增加，其中90％以上的加盟店都是對方主動要求加入的，真的是得來全不費工夫。我們什麼都沒做，業績卻像滾雪球般呈倍數成長。」

軟銀短短幾個月就成為日本最大的軟體行銷商，控制了日本軟體市場40％的市佔率。孫正義得意地說：「再也沒有這樣舒服的經營了。」想當初，孫正義投入800萬日圓租最大、最好的電子展攤位後，窮到連長途火車票都捨不得買，但換來的是他的「人生五十年計畫」首戰告捷。人們不得不佩服他那高人一等的眼光。

心目中永遠只有第一，沒有第二

人類歷史上一共經歷了三次革命：農業革命、產業革命，以及目前正在持續進行的資訊革命。從年少開始，孫正義便經常將這句話掛在嘴邊，不知講過幾千遍。從軟體銀行上市後，「資訊化社會由四個階段構成」更成為孫正義開口必談的新論調。

孫正義認為，在資訊化社會的第三階段，由提供數位化資訊技術的微軟、英特爾、思科、甲骨文等國際知名企業擔綱主演。但是，只有資訊化社會的第四階段來臨，提供數位化資訊服務的網路公司躍出檯面，革命才算是真正成功。那時資訊產業的成長幅度也會比現在的個人電腦產業大得多。這是孫正義堅定的「宗教信仰」。

孫正義的夢想是：「當資訊化社會進入第四階段，我希望軟體銀行能夠名列世界前十大企業。老實講，我的志向是成為第一，在我心目中永遠只有第一，沒有第二。」為達到這個目標，孫正義做了規模宏大的佈署。

他用別人覺得瘋狂的方法，一口咬定自己認定的趨勢，在20世紀的最後6年時間裡，他投資的*IT*公司數量多達600多家。每當孫正義看到有前途的公司時，他就猛撲過去。其中對雅虎的豪賭讓孫正義一戰成名。

孫正義說：「當時美國最大的*ZD*電子出版公司對資訊產業做了很好的研究，哪裡有新的發明、誰發明了新技術他們都知道，他們有互聯網領域最詳細的資訊。當時我投資50億美元來控股*ZD*和*Comdex*以及其他相關公司，我認為我花的是買藏寶圖的錢。

「當時我問*ZD*公司總裁，我想對互聯網做一大筆投資應該首先會見哪個公司，他們告訴我是雅虎。他們告訴我雅虎是個小公司，是一幫年輕的學生創建的，還有虧損，幾乎沒有什麼收入。我說沒關係，學生能夠拿出非常偉大的想法，我願意見見他們。我第一次見他們的時候他們只有5個員工。楊志遠是二十七、八歲的樣子，那是一個非常年輕的團隊。年輕人有一些瘋狂的想法，這些人有很大的熱情，他們為此廢寢忘食，我喜歡這種態度。所以我說：『好，我現在投一億美元，佔有公司30％的股份，如果我能幫助你們在全世界取得成功，不管花多少錢。你們肯定會一下子增長三、五倍的。』我對自己的預測非常有信心。」事實上他最後一共投資了3.55億美元，獲得了37％的股份。孫正義的雅虎股票每股投資成本約2.5美元，市場價則衝高到250美元，整整100倍。

孫正義對阿里巴巴的投資更富有傳奇色彩。

1999年10月，就在阿里巴巴獲得高盛投資的第二天，有一個叫古塔的印度朋友想把馬雲介紹給美國的一家投資公司。但馬雲得知那家投資公司是高盛的對手後，就把這筆風險投資給拒絕了。

不久，古塔又找到馬雲說：「*Softbank*（軟銀）的孫正義正在北京，你願意見他一面嗎？」

馬雲對古塔的盛情實在不好拒絕，還是去了北京。到了北京的那個房間，馬雲看見一大批等待軟銀風險投資的中國互聯公司的首腦們。

看到這樣的情況，馬雲自述他僅有的一點興趣也消失了，但他還是耐心地等到了跟孫正義陳述阿里巴巴情況的時刻。這種耐心更多地來自於「既然已經從杭州到了北京，也就不差再等那一點時間」的想法。

孫正義見他的第一句話是：「你要多少錢？」

馬雲因為剛拿到高盛投資的500萬美元，並不缺錢，因此回答說：「我不需要錢。如果你有興趣，我可以給你介紹一下阿里巴巴的情況。」

孫正義當時還沒有看過阿里巴巴的網站，他的助手打開電腦將阿里巴巴網站調了出來，馬雲現場進行介紹。

原來，馬雲大概要講10分鐘左右，當他只講到6分鐘左右的時候，孫正義就從長桌子的那一頭走過來說：「馬雲，我一定要投資阿里巴巴。」馬雲覺得孫正義很聰明，他跟很多人講6個小時都不明白，但跟孫正義講6分鐘他就明白。

馬雲剛回到杭州，孫正義的代表團也到了。他們在馬雲的公司看了看之後回去了，馬雲也沒把這事放在心上。沒過多久，馬雲收到消息：「孫正義在問手下怎麼還沒有談妥投資的事。他邀請你們到東京去，想親自和你們談。」

阿里巴巴的首席財務長蔡崇慶對這事不太積極：「幹嘛要過去，我們又不缺錢？」但馬雲已經深深地為孫正義所吸引。而且他覺得進入孫正義的投資圈，意味著阿里巴巴將進入世界頂級的互聯網公司級別，在互聯網公司都沒有贏利的情況下，進入這個圈子就意味著機會。

他說：「孫正義親自敲門，這事一定要做。和孫正義一定要合作，這個事要弄，一定要弄，硬弄！」

馬雲和蔡崇慶到了東京，一見面，孫正義單刀直入：「我們怎麼談？」

馬雲提了三個條件，一是希望孫正義親自參與這個項目；二是孫正義要用自己口袋裡的錢投到阿里巴巴；三是涉及公司的運作，必須以客戶為中心，以阿里巴巴的長遠發展為中心，不能只顧風險資本的短期利益。孫正義的答覆讓馬雲很滿意。

接下來是錢的問題，因為當時阿里巴巴不缺錢，蔡崇慶心裡很有自信。孫正義報出第一個價錢後，他脫口而出：「不行。」蔡崇慶說你報的這個價錢，我們根本不用透過董事會就可以否決，這不可能被接受。孫正義在計算機上按來按去算了一通，又報了一個價錢。這次蔡崇慶說雖然這個價錢聽起來會好些，但對我們來說還是很難接受。於是孫正義又去按那個計算機，直到第四回，孫正義報出的三千萬美元才落到馬雲和蔡崇慶的可接受範圍之內。

幾分鐘內，雙方就達成了合作協議。孫正義說：「記住，今天是歷史上最重要的一天，你們是我見過最漂亮的團隊……阿里巴巴是來自中國最具震撼性的互聯網成功典範之一，其強大有效的營運模式和優秀的管理人才已令公司在市場中做成企業與企業間（*B2B*）貿易的先導。我們與阿里巴巴的合作是重要的戰略性舉措，我深信阿里巴巴將能憑著軟庫的全球資源和本地市場經驗，體現其領導全球企業與企業間電子商務市場的潛質。」

孫正義把三千萬美元匯入阿里巴巴的帳號之後，馬雲卻因嫌錢多而反悔了（當然也擔心阿里巴巴的股份被稀釋得太多了）。他對孫正義的助手說：「我只要2000萬。」

這位助手聽完後懷疑馬雲有病，於是馬雲當場給孫正義發了個*E-mail*：「……希望與孫正義先生牽手共同闖蕩互聯網……如果沒有緣分合作，那麼還會是很好的朋友。」5分鐘後，孫正義做如下回覆：「謝謝你給了我一個商業機會，我們一定會讓阿里巴巴名揚世界，變成雅虎一樣的網站。」

事後馬雲對自己行為的解釋是：「有錢不是好事，你要會用這些錢。我有自知之明，最多管過200人、600萬人民幣，現在一下子給你幾千萬美元怎麼管得了？」

馬雲對孫正義行為的理解是：「如果你沒有很實實在在的好東西，或好的產品，投資人有那麼好糊弄嗎？花裡胡俏是騙不了他們的！雖然我只講了6分鐘，孫正義就決心要投資，但那6分鐘背後是我們獨創的發展方向和6個多月沒日沒夜的艱辛努力。從某種程度上講，孫正義投資阿里巴巴，不是我想說服他，而是他想說服我，因為他看到了我們阿里巴巴是個實實在在的好產品。」

1999年到2000年初，無論怎麼看，阿里巴巴的崛起速度都是驚人的。只用了6個月，他們就推出了一個世界一流的網站；只用了12個月，就打造了一個全球最佳B2B網站，其會員數超過經營了20多年的競爭對手，並且聲名鵲起，一夜之間成為國內外幾十家媒體的關注焦點。因為孫正義看好馬雲的團隊，看好阿里巴巴的電子商務模式，他能很快做出減少投資和股份的妥協也就不難理解了。

孫正義認為，想要成為網際網路虛擬空間中的世界第一，完全取決於如何掌握「目光交通流量」與「錢包交通流量」。門戶網站雅虎和電子商務網站阿里巴巴就是他的兩類投資的代表。為了確保更多的「目光交通流量」與「錢包交通流量」，軟體銀行對已經公開發行股票的十多家企業，以及以美國為中心的100家網路相關企業進行投資，而且軟體銀行幾乎都是這些企業的最大股東。

例如1998年，軟銀與美國網路下單的先驅*E．Trade*電子券商合資。同年7月，又與拍賣個人電腦相關產品、家電製品與日用雜貨等商品的*ONSALE*公司合資。1999年4月，軟體銀行又與微軟合資，成立一家網上汽車銷售仲介服務的*CarPoint*股份有限公司。到2000年，軟銀已成為國際網路業的最大股東。2000年初，軟銀股價比發行價升值90倍，孫正義身價達到頂峰——700億美元。

2001年，網路業泡沫破裂。孫正義成了有史以來損失財富數量最多、速度最快的人——他的帳面資產損失了95％。孫正義之所以能寵辱不驚、挺過寒冬，很大程度上是拜其投資模式所賜。例如雅虎上市之後，孫正義僅套現了5％的股票，就獲得了4.5億美元現金（投資額為3.55億美元），套現後他仍是雅虎最大的股東。雅虎模式代表了孫正義的典型玩法，他的投資結合了風險性和戰略性：上市時套現部分股票以保證軟銀公司的現金流及贏利；同時長期持有剩餘的大部分股票，如果眼光獨到，長期回報比起純粹的風險投資只高不低。據孫正義表示，到2000年末，他前後投入互聯網25億美元，套現回收30億美元，投資近乎瘋狂，經營其實仍算謹慎。

「互聯網是最安全的投資寶地。」孫正義固執己見，軟銀各相關基金從未停止過搜索和選秀。2003年，在盛大醜聞纏身之際，軟銀亞洲基礎設施基金將4000萬美元給了陳天橋（當時軟銀自身也存在嚴重虧損）。隨著那斯達克股災的過去，網路業否極泰來，新商機漫天飛舞，孫正義的佈局也日見高明。

作為迄今為止全球最大的風險投資商，堅定不移絕不撤退的軟銀已成為中國互聯網最大的股東之一，*UT*斯達康、新浪、網易、攜程、盛大、分眾傳媒、阿里巴巴、當當、淘寶網、博客中國等著名企業都有軟銀的股份。2004年秋，軟銀亞洲基礎設施基金順利退出，成功套現5.5億美元。此舉使軟銀亞洲摘取了「2004年中國最佳創業投資機構」的桂冠。2005年8月，雅虎總共掏出10億美元投資阿里巴巴。軟銀（中國）風險投資將持有的淘寶股份轉讓給雅虎，套現3.6億美元。再加上轉讓雅虎（法國）、雅虎（德國）、雅虎（英國）及雅虎（韓國）的股權給雅虎公司，軟銀在2005年會計年度從雅虎公司拿到8億多美元。

作為孫正義最看重的投資對象之一，馬雲有著孫正義類似的思維方式，他揭示了孫正義投資的另一層合理性。在孫正義的投資大幅縮水時，馬雲說：「我不覺得孫正義的投資存在很大失誤。他投資的線路就是看人，而他看人的標準就是看這個人想不想做大事情。哪怕現在沒有機會，只要他看人看對了，機會總是要靠人去抓的。孫正義透過資金抓住了人，所以現在沒機會將來還會有機會的。」

市場看遠：敢賠才能賺

在日本，最大的線上遊戲公司、最大的入口網站、最大的電子交易網站、最大的網路拍賣平台網路服務，都是孫正義的公司，他曾自豪地說道：「在日本，我們就等於雅虎加*Google*、加*eBay*。」取得這些成就還是靠他的眼光和意志。

在2001年的某一天，孫正義衝進了一名總務省電信官員的家中，舉著一個廉價打火機威脅說：「這就是結束。如果你不能幫助我，我就在這裡往身上澆滿汽油，然後用打火機點燃自己。」當時日本大部分用戶還在用撥號上網，電信公司*NTT DoCoMo*獨佔光纖網路。但孫正義認為寬頻時代即將到來，他強迫官員談判，要求修改規則。結果，孫正義得到了自己想要的東西：軟銀獲得了經營寬頻業務的機會。

雖然資本額只有對手的1/10，但孫正義刻意拉高技術競爭門檻。當時*NTT DoCoMo*只能提供最快每秒1.5*M*（百萬位元）的寬頻服務，軟體銀行一出手就推出每秒傳送8*M*資料的寬頻服務，傳輸速度增加4倍多。當時日本的國內長途電話十分昂貴，孫正義又推出讓軟體銀行的寬頻用戶免費打的網路電話，這不僅讓寬頻用戶迅速增加，還削弱了對手的獲利能力。

為了搶佔寬頻平台，孫正義不惜付出巨大代價：剛開始4年，他每年要虧損10億美元。而*NTT DoCoMo*絕無孫正義那種破釜沉舟的勇氣，難以推出和軟體銀行競爭的寬頻服務。6年後，軟體銀行累積出近千萬戶的寬頻用戶，2007年，軟銀終於有了575億日圓（約40億人民幣）的稅後淨利潤。

孫正義認為，從撥號到寬頻，不過是網路革命性改變的第一階段，接下來，手機寬頻上網將會是下一個主流。現在，全世界一年賣出2億台個人電腦，手機的銷量是電腦的五倍，手機上網時代的到來是大勢所趨。

2007年4月，孫正義花了155億美元買下日本第三大行動電話公司*Vodafone*，作為進軍手機寬頻上網的入口。孫正義先把手機網路全面更新為高速3G網路，同時改造手機，只要按下手機上的一個特殊按鈕，就可以直接透過3G網路和近似*iPhone*的大螢幕連上軟銀集團旗下的日本雅虎網站，讓消費者用手機取代電腦上網。手機將不只是通話的機器，還成了上網的機器。2007年軟體銀行賣出的手機中，99％是3G手機。到2007年下半年，軟銀收購的行動電話公司*Vodafone*已經是日本行動電話企業中，新用戶增加最快的公司。

拿到手機上網主導權後，孫正義將要採掘下一個金礦：手機上網購物。孫正義分析，在電腦上購物，不但付款麻煩，也有安全問題。今後消費者在手機上看中的產品，只要直接購買，貨款就會加到下個月的電信帳單中，也就是說，手機也變成了直接下單的銷貨通路。孫正義說：「這個大趨勢剛剛開始。」

孫正義的決策方法——實事求是

孫正義的好友朝日太陽能總經理林武志曾說：「有一次孫正義來找我，提到他正在考慮一樁1600億日圓的併購案。如果是160億日圓的話，我還能勉強相信，他卻說至少需要1600億日圓。老實講，當時我以為這傢伙腦袋壞了。我要他講清楚一點。為什麼要買呢？程序如何呢？我花了3個小時聽他分析。」聽完之後，我只說了一句話：『小孫，去做吧！』無論是籌措資金或其他細節，孫正義都已經做好縝密的計算，他說出來的話已經經過高度整合，沒有任何矛盾。」

孫正義投資前會進行徹底的資訊搜集與分析。以併購*Ziff Davis*出版公司為例，當時，孫正義請來野村企業情報與摩根史坦利等公司的10名投資銀行專業人員組成一個團隊，專門從事資訊搜集，並將搜集到的資訊進行精密分析。每個星期，他們要向孫正義提出一份厚約10公分的報告書。孫正義仔細閱讀後會提出疑問或新的指示，這些問題或指示總是一針見血，令這群能力十足的投資銀行專業人員都感到佩服。這項作業持續了3個月之久，報告書累計有十幾冊，幾乎所有的沙盤推演都毫無遺漏，這時孫正義才決定併購*Ziff Davis*公司。

軟銀公司的常務宮內謙說：「外界總是認為孫總經理經常說大話，這是極大的錯誤。他在推動任何工作之前，總是徹底搜集情報並加以分析，不惜花費時間與金錢，直到他滿意為止，因此他的一舉一動，其實都是經過縝密的計算。構想也許有點誇大，卻相當踏實。」

孫正義的決策思維也有獨到之處。一般的經理人首先會談到目標客戶，然後是現金流，接下來會涉及到增長。但孫正義的思維方式不是這樣，他首先談的是產業問題，然後是全球視野，接下來談的是團隊，誰來完成宏大而複雜的構想。孫正義看中的人都有和他類似的思維方式，例如馬雲從來不談具體的營業收入、增長，他不斷地談產業問題，全球視野下的產業問題，然後是他引以為榮的執行力很強的團隊。

孫正義的投資策略是有七成把握就去做，他說：

「我不是用五五比，而是用七比三的勝算去發展事業，目前公司仍在持續成長，我想我的策略應該是成功的。如果非得等到有九成或九成五的勝算，才願意採取行動的話，我的事業絕不會像現在那麼成功。過於慎重，可能會錯過許多戰勝的機會，你所瞄準的目標，容易被其他人捷足先登。因此，非得有九成勝算才行動的人，會被以七成勝算為行動依據的人打敗。以機率來說，九成勝算當然要比七成勝算理想，但是在實戰上，情形剛好相反，前者容易錯失良機。就以賽馬為例，選擇優勝機率較高的馬匹投注，所分得的獎金自然比較少。換言之，以九成勝算為目標的人，掌握成功的機率也相對較小。」

「從相反的角度看，七成勝率意味著風險不可超過三成。將蜥蜴的尾巴切掉3/10，牠還能夠繼續存活，斷掉的尾巴也會再長出來。若是將蜥蜴的尾巴切掉一半，牠一定會死掉。由此可知，只能在切除後仍可存活的範圍內切掉蜥蜴的尾巴。換言之，必須將風險控制在失敗後仍可重生的範圍內，才可採取行動，而失敗的最高限度就是三成。」

第5章 阿里巴巴集團

馬雲

讓天下沒有難做的生意

任何一個企業家的成功都需要保持一種特立獨行的精神。換句話說，他對別人的反對意見一定是予以否定的，卻始終堅持自己獨特的觀點，這樣的企業家才能夠獲得真正的成功。在中國眾多企業家裡，馬雲就是這樣一個特立獨行的人。

阿里巴巴的一位創業元老回憶說：「1999年，中國申請加入WTO失敗的時候，正是我們在杭州湖畔花園創業的時候。消息傳來，我們大家都不免有些失落，雖然還沒看到未來的贏利可能會在哪裡，但就我們這群人對外貿的熟悉程度和從阿里巴巴上最為活躍的商人群落都是外貿企業來看，這樣一個消息無論如何都不是好消息。但是馬雲卻對中國『入世』十分樂觀，他告訴我們說中國『入世』只不過是時間問題，就像阿里巴巴的成長也只不過是時間問題一樣。」中國果然於兩年後加入了WTO，「中國製造」開始風靡全球，阿里巴巴也因此獲得了巨大的發展。馬雲在回顧阿里巴巴的創業歷程時，總結了企業發展的經驗，其中有一條就是：堅持自己的理想。

我們就來看看馬雲是如何堅持自己的理想。

讓天下沒有難做的生意

馬雲曾經反覆思考，什麼是那些偉大企業繼續發展的重要原因，後來他明白了，一個偉大的企業往往會有一個偉大的使命。就像愛迪生企業的使命是讓全世界亮起來，從企業CEO到門衛，大家都知道要將自己的燈泡做亮、做好，結果現在「打遍天下無敵手」。迪士尼公司的使命是讓世界快樂起來，所以迪士尼所有的東西都是令人開心的，拍的戲也都是喜劇，招聘的人也全是快樂的人。

偉大企業有一個偉大的使命，使命給了人們做事情的方向與動力，公司的決策、經營戰略等都圍繞著使命展開，這樣的公司會很成功，這是馬雲找到的答案。馬雲據此確立了阿里巴巴的使命：「讓天下沒有難做的生意。」並確定，阿里巴巴做任何事情都是圍繞這個目標，任何違背這個使命的事情都堅決不做。

馬雲說：「建立阿里巴巴的第一天，我們就專注做B2B，不管外邊的潮流怎麼變，外界各種概念很多，其他的機會也有很多，阿里巴巴也面臨很大壓力，但我們朝著既定的方向往前走，不管外面千變萬化，還是不受干擾，走自己的路，用心去做。」阿里巴巴網站可以幫助大家在網站收集其他人的信息，在網上促成交易，從而把企業的產品推向全國，甚至全世界。在工業時代，一家公司要向全世界擴張必須擁有雄厚的資本，並借助開設海外分公司、辦事處等方式才能如願以償。大企業有自己專門的資訊管道，有巨額廣告費，小企業什麼都沒有；但在網路時代，大量資訊使中小企業可以獲得原先只有國際公司才能獲得的商機。馬雲說自己是「帶領窮人鬧革命」。阿里巴巴是實現「讓天下沒有難做的生意」這一目標的最佳工具。

2003年，一向專注於*B2B*（意為企業與企業之間透過互聯網進行產品、服務及資訊的交換）領域的馬雲突然創建了淘寶網，正面挑戰全球*C2C*領域的老大——*eBay*；2005年夏天，阿里巴巴大手筆收購雅虎（中國），在搜索和門戶領域插了一腳；2007年，阿里巴巴宣佈成立第五家分公司——阿里軟體，進入企業商務軟體領域。很多人都不明白阿里巴巴到底要做什麼。馬雲說：「我們電子商務一定要有五個要素，第一個是誠信，第二個是電子市場，第三個是搜索，第四個是支付，第五個是軟體，這五個缺一不可。」上面這些舉動都是為了實現「讓天下沒有難做的生意」這一目標。

馬雲是個電腦的門外漢，他只會利用電腦做兩件事，一是收發電子郵件，二是流覽網頁，其他的就不懂了，不會在網上看*VCD*，也不會拷貝。

他告訴阿里巴巴的工程師，技術應該為人服務，人不能為技術服務，再好的技術如果不管用，就只能扔掉。為什麼阿里巴巴和淘寶網那麼受歡迎？馬雲總結說：「原因是，我大概做了一年左右的品質管制員，就是他們寫的任何程式我要試試看，如果我發現不會用，趕緊扔了，我說

80％的人跟我一樣蠢，不會用的。」

馬雲不想看說明書，也不希望工程師告訴他該怎麼用。他只要點擊，打開流覽器，看到需要的東西，就點進去。如果做不到這一點，那工程師們就有麻煩了，他們必須重新設計。即使在後來，使用淘寶和支付寶這些網站時，馬雲也堅持自己做測試。阿里巴巴和淘寶網經過「馬雲測試」後，大大簡化了各種功能的使用方法，因此保證了每一個普通人都能使用網站，不會有任何問題。這也是「讓天下沒有難做的生意」的生動體現。

面對賺錢，有多種選擇，比如簡訊、遊戲等都可以讓阿里巴巴在短期內獲得豐厚的利潤，而馬雲卻表示，除了以休閒為目的的棋類和紙牌遊戲，阿里巴巴不會投資任何網路遊戲。2002年時如果把所有資金都壓在遊戲上，過一兩年就可以賺錢。但有一件事讓馬雲猛然驚醒，有一個親戚跟他說他晚上和太太玩遊戲到夜裡三點鐘，再加上馬雲又看見自己的兒子天天回來跟他講遊戲，馬雲心想，如果所有孩子都在玩遊戲，一個國家會怎麼樣？所以馬雲說，阿里巴巴錢再多也不投資遊戲。別人做是別人的事，但是阿里巴巴肯定不會做。

至於不做簡訊，同樣是因為這違背了馬雲的價值觀。馬雲曾去一些門戶站點做調查，說可以註冊一個免費的信箱，馬雲認真讀完了一份很長的合約，在合約裡他看到中間很細的一條寫著：如果你這個免費信箱3個月以後還將繼續使用的話，那麼我們將會從你這個手機號碼裡面扣除5塊錢到8塊錢。而一般的人是不會去細看合約內容的，他們在免費註冊的時候給出了自己的手機號碼，使得每個月都扣5塊到8塊錢，馬雲認為這是一種欺詐行為。阿里巴巴不希望透過欺騙客戶的錢來讓自己賺錢，所以馬雲也放棄了這類業務。

馬雲的價值觀是：「賺錢是一個企業家最容易做到的事情。其實賺錢是生意，一般企業分為三類：生意人、商人、企業家。生意人是所有賺錢的生意都做，商人是有所為、有所不為，企業家是影響這個社會，創造價值。阿里巴巴已經過了生意人和商人的階段，我們對賺錢的興趣並不大，我們想做些影響這個社會、創造價值的事情，這是我們所希望的。」

2007年阿里巴巴上市前夕，馬雲重申，希望透過上市，讓中小企業客戶富起來。阿里巴巴會拿出籌集資金的60%用於收購和發展*B2B*業務，為那些從事「中國製造」、利潤微薄、沒有實力進行海外行銷的中小企業提供更低成本和更高效率的對外貿易平台。「我們是要讓中小企業真正賺錢，我們讓中小企業有更多的後繼者，我們國家有13億人口，20年以後可能很多人因各種各樣的原因失業，我希望電子商務幫助更多的人有就業機會，有就業機會社會就穩定，家庭就穩定，事業就發展。」

自1999年創業開始，阿里巴巴從18人發展到如今的7000多人，成為由5家企業組成的集團公司，產品市場佔有率超過80%。馬雲認為，這是堅持自己理想的結果。

信息流＝數量＋品質

由於中國的信用環境不好，物流體系也不太完善，所以馬雲和他的創業夥伴們開始做阿里巴巴的時候，就避開資金流和物流，只做資訊流。

馬雲對阿里巴巴做資訊流的意義有過闡述：「今天各大公司關心的是資金流，因為每個人做生意首先想到的是如何賺錢。對美國的企業來說，他們現在應該在資金流方面進行突破，因為他們獲得資訊的管道很通暢，不過他們現在最頭疼的是怎樣從大量資訊裡提煉出最有價值的資訊。而對中國的廣大企業來說，缺乏市場訊息還是很大難題，互聯網則給他們提供了一個很好的工具。今天中國的企業家需要資訊，阿里巴巴的價值是可以讓全世界的商人直接聯繫上。」

馬雲做資訊流的思路是：「我覺得如果辦舞會請一大幫男孩子，就沒有女孩子敢進來，相反的，有很多女孩子在就會有膽子大的男孩子進來，所以這個舞會就辦起來了。對於買家和賣家來說，買家是女孩子，賣家是男孩子，美商網當時把中國很多賣家堆積起來，結果買家沒有起來，所以我們做了一個相反的動作，我們在1999年、2000年在國外到處宣傳阿里巴巴。」

阿里巴巴作為一個國際網站，主要目的是幫助中國企業實現出口，因此必須在海外尋找買家。1999年、2000年和2001年，阿里巴巴的基本活動是在歐洲和美國，馬雲在歐洲和美國做了很多演講，最慘的一次是2000年在德國組織的一次演講，1500個座位結果只來了3個人，馬雲雖然覺得很丟臉，但沒辦法，還是得演講下去。阿里巴巴在美國投了很多宣傳廣告，除了中國銀行的廣告就是阿里巴巴的廣告最多了，阿里巴巴還是唯一的兩家包下CNBC（美國財經有線電視頻道）兩年廣告的。經過不懈努力，阿里巴巴在國外有了相當高的知名度。

吸引到買家之後，阿里巴巴又放低門檻，以免費會員制吸引中小企業註冊，從而匯聚商流，活躍市場。中小企業希望利用網上市場抓住更多商機，當然不肯錯過這個成本低廉的機遇。阿里巴巴創立僅兩年，會員就達到了73萬，每天登記成為阿里巴巴商人會員的企業數超過1500個。買家、賣家雲集，帶來了源源不斷的資訊流，創造了無限商機。

在互聯網出現之前，中國的中小企業主要依靠「商品目錄、指南、貿易展和合同」等來尋找和國外合作的機會。由於廣交會的展位並向中小企業開放，因而這些中小企業要獲得訂單需要付出更高的成本。互聯網問世以後，一些中小企業得以透過網路與千里之外的買方方便地互通資訊。但短短幾年之後，網路資訊開始氾濫，這些網站很快就被淹沒了。2001年，阿里巴巴推出「中國供應商」服務，以滿足那些渴望自己的資訊在阿里巴巴這個大市場中更顯眼的供應商們的要求，向他們收取至少4萬元的年費。

「中國供應商」的普通會員可以在阿里巴巴發的網路空間上發佈產品的資訊以及10張產品圖

片。同時阿里巴巴會將其內容收錄進光碟中，在參加國外展會時，向國外採購商推廣。「中國供應商」的高級會員除了享受以上的服務外，還能享受一項在阿里巴巴內部的資訊排名服務，會員可以為公司制定8個關鍵字，還可以為每個產品制定3個關鍵字，當買家搜索這些關鍵字時，可優先看到其產品資訊。也就是說，「中國供應商」提供的是高品質的資訊流服務。

經過一次次的與客戶交流、調查，阿里巴巴發現有87％的企業最擔心的問題是誠信，龐大的企業會員隊伍每天都有兩三千條資訊流通，找不到合適的資訊已不是問題，關鍵問題成了資訊是否可靠。如果誠信體系不建設好的話，電子商務資訊流就會變成毫不值錢的資訊。

馬雲認為：「我們的當務之急是建立和健全阿里巴巴的誠信體系。電子商務進行到後來，就會遇到一座獨木橋，那就是社會誠信體系。電子商務是在虛擬的網路平台中進行的，如果沒有誠信，最後就做不成生意。美國的電腦普及和互聯網使用程度與中國不能比，更重要的是美國的社會誠信體系十分完善，因此它的電子商務有非常好的社會基礎。而中國人做生意前往往有一個心理預設，即『我的生意對象是不可信任的』，他要在多次接觸後才能建起基本的信任感，交易成本很高。阿里巴巴的目標是在這個交易平台上建起一個誠信體系，最大可能地節約交易成本。」

2002年3月，阿里巴巴開始全面推行「誠信通」服務。「誠信通」結合了傳統的認證服務與網路即時互動的特點，將建立信用與展示產品相結合，從傳統的第三方認證（阿里巴巴與工商銀行及幾家商業調查機構合作調查會員的信用）、合作商的回饋和評價、企業在阿里巴巴的活動紀錄等多方面，多角度、不間斷地呈現企業在電子商務中的實踐和活動。如果其他會員對該企業有負面評價，也會在網上公開，而且不會刪除。這些紀錄誰都可以看得到，誠信通可以使人們輕鬆地知道對方的商業信譽紀錄，以減少自己在交易中上當受騙的可能性。經過誠信通認證的會員比普通會員的成交量大10倍。

阿里巴巴的「誠信通」機制是一種懲惡揚善的機制，阿里巴巴會用優先排名、向其他客戶推薦等方式來獎勵那些誠信紀錄好的用戶。阿里巴巴後來推出了站內搜索功能，該搜索排名次序的一個重要依據是客戶的誠信度。種種好處使得誠信通的會員數迅速增長。

阿里巴巴提供優質資訊的努力也給自己帶來了豐厚的回報，2003年終結算，阿里巴巴日收入達到100萬元。在所有收入中，「中國供應商」會員服務費佔70％的收入，「誠信通」會員服務費佔總收入的20％之多。

「誠信通」甚至還幫助其會員解決了貸款困難的問題。2007年6月9日，馬雲又一次創造了歷史。這一天，阿里巴巴與中國建設銀行「e貸通」啟動首次放貸活動。阿里巴巴的4家網商，僅僅依靠「網路誠信度」，破天荒獲得了建行「e貸通」的120萬元無抵押貸款。

中小企業融資難題一直被認為是中國經濟發展中最難解決的問題，橫跨在中小企業和銀行之間的資訊成本成為一個解不開的死結。阿里巴巴副總裁彭翼捷說：「阿里巴巴持續4年以上對『誠信通』會員企業信用的記錄和監督，以及利用豐富的電子商務經驗打造了一條貸前、貸中、貸後封閉的資金鏈條，最大限度地降低了銀行篩選優質企業的成本。」阿里巴巴下一步還要推出「網路聯保權」貸款，把產業鏈條上的企業結合在一起發放貸款，企業之間互相擔保，以更快地推進小企業貸款業務。彭翼捷說：「阿里巴巴最理想的目標是讓這種貸款覆蓋到80％～90％的『誠信通』和『中國供應商』用戶，這個數量可能達到幾十萬家中小企業。毫無疑問，這種企業規模和品質，對任何一家銀行都具有無法抗拒的誘惑力。」事實確是如此，中國工商銀行、招商銀行、渣打銀行、匯豐銀行等中外著名銀行都在2007年主動上門和阿里巴巴合作。

阿里巴巴必將在中國的商業誠信建設史上留下濃墨重彩的一筆。

海量的商務資訊是阿里巴巴的優勢，但是資訊過多也會造成客戶的困擾，如何從海量資訊中找到最適合的資訊已成為諸多客戶最迫切的需求，電子商務引入搜索工具是大勢所趨。2005年8月，阿里巴巴收購了雅虎（中國），並將其定位為專業的搜索工具。這個專業化搜索工具可以將電子商務所涉及的產品資訊、企業資訊、物流資訊、支付資訊都串聯起來，從而使阿里巴巴的電子商務得到了進一步的完善。

經過兩年的努力，阿里巴巴對雅虎（中國）的改造獲得成功。2007年11月，中國雅虎全能搜索憑藉其創新的理念、領先的技術、強大的產品功能、優質的服務，以及良好的用戶口碑，一舉囊括了第六屆互聯網搜索大賽的「搜索結果最人性化搜索引擎」、「最具創新精神的搜索企業」和「最受網友關注的搜索企業」三項大獎。其「一頁到位」技術開創了中文搜索前所未有的用戶體驗新境界。它對用戶查詢需求有著智慧化的分析與預判，能主動根據用戶查詢的時間、地點、歷史、語境等多個面向，去判斷一個關鍵字背後豐富的用戶意圖，從而精準地給予用戶真正想要的資訊內容。比如，若用戶試圖查尋火車票時刻，它能夠準確地判斷出，這是一個任務型搜索，會直接在結果頁上顯示起始站間的所有列車時刻資訊。

雅虎搜索使阿里巴巴的資訊流建設如虎添翼。

先別急著賺錢，大捨方能大得

中國雅虎前任總裁曾鳴曾說：「一個臭的決策往往是很容易就決定了，而一個好的決策往往在一時之間難以取捨，這是因為你不知道它到底是對的還是錯的。」

其實，一個領導者的決策過程就是捨與得的取捨過程。就像阿里巴巴有很多錯誤，但是它在取捨方面就有好與壞之分。馬雲為了使阿里巴巴成為世界上最好的電子商務平台，多年來一直「捨得」讓新成立的業務處於虧損狀態。

在2007年的年會上，馬雲指出阿里巴巴目前的主要任務是做大規模，而不是賺錢，尤其是對淘寶和支付寶而言。他讓大家忘掉錢，忘掉賺錢，不要在意外界對阿里巴巴的負面評價。

很多人都很關注阿里巴巴的淘寶網收費的問題，馬雲的想法很簡單，他認為淘寶如果要真正想賺錢，首先要考慮的是淘寶幫別人是否真正賺了錢。所以說，淘寶現在收費的時機尚未成熟，因為它的市場還需要培育。比如像這一個例子，如果阿里巴巴在路上發現了很多的小金子，於是它就不斷地撿起來，當它渾身裝滿了金子的時候它就會走不動，這樣的話它就永遠到不了金礦的山頂。另外，馬雲認為淘寶收費是需要有一點創新的，因為所有模仿的東西都不會超出預期值很多，就像Google能超出人們期望的高度就是因為它的創新，全球最大門戶網站雅虎也是靠自己的創新最終大獲成功的。

自從淘寶成立以來，它每年的交易額以10倍的速度迅速增長，僅2007年上半年的交易額就達到了157億，網站註冊會員超過4000萬，在中國C2C市場中的市佔率幾乎達到了80％。面對這樣卓越的成績，淘寶卻說：「我們現在的規模連嬰兒都不是。」他們認為只有當淘寶的交易額可以與傳統的商業巨頭，像國美、沃爾瑪等相媲美時，淘寶才是真正面向個人用戶電子商務的未來所在。

馬雲的這種捨棄小利益，為社會創造更高價值的理念，使得他把握住了互聯網的命脈。同時，正是基於對電子商務的堅定信念，馬雲立志在不久的將來要把阿里巴巴做成世界十大網站之一，從而實現「只要是商人，就一定要用阿里巴巴」的目標。

讓天下沒有難管的生意

截至2006年底，中國有2000萬家企業進行電子商務，而使用管理軟體的企業只佔了20%，這是因為現有的管理軟體操作複雜、成本較高，很難在中小企業中進一步普及應用。2005年底，阿里巴巴的第5家分公司——阿里軟體成立。馬雲說：「當電子商務領域一定要建立誠信體系時，我們就開始銷售『誠信通』服務；要有交易市場，我們就建立了阿里巴巴和淘寶網；要能安全支付，我們就推出了『支付寶』；要能方便地找到資訊，我們就收購了雅虎（中國）。現在做軟體，則是因為市場有這個缺口，很多中小型企業生意越做越大，需要軟體來管理自己的企業。」

「阿里軟體」的口號是「讓天下沒有難管的生意」。馬雲說，在這個快魚吃慢魚的年代，企業必須加強資訊管理才能提高競爭力，因此我們必須進入中小企業的內部管理。阿里巴巴正逐步由為中小企業提供線上交易平台的初級服務轉變成為中小企業的生態鏈提供服務的更高級*B2B*業務，不僅提供在資訊流、物流和資金流上的服務，還為中小企業提供最急缺的行銷、資訊化管理等方面的增值服務。

阿里軟體包括內貿版、外貿版和網店版。它的定位是：把電子商務延伸到中小企業內部，提供電子商務行銷工具、客戶管理、供應鏈管理等軟體工具。這實際上把本來由中小企業完成的部分管理與行銷功能外包給阿里巴巴。一些用戶也這樣回饋：「其實它根本就不是一個軟體，而是一個虛擬職業經理人。」用戶劉植說：「如果我剛開始做外貿的時候有這麼一套東西，根本不用摸索這麼長時間。」

「阿里軟體」有兩大優點：一是採取了*SAAS*（線上軟體服務）模式。這種產品與中國的傳統管理軟體截然不同：它完全基於可靠的網路保障，託管用戶資料，即使不在公司電腦上，企業人員也能透過網路正常開拓業務，降低了因為病毒破壞、跨地域、軟體投入成本過高給企業帶來的經營傷害。二是收費低廉。阿里軟體總經理王濤說，阿里軟體不是為了搶市場和誰競爭，主要是想快速擴大中國企業管理軟體的使用率。所以阿里軟體未來的收費會很低，使大部分的中小企業能夠用得起。

由於阿里巴巴本身有龐大的會員規模，又有收費低廉等優勢，從成立到2007年1月23日，阿里軟體總註冊用戶數突破了2000萬，同時線上用戶數已達200萬。這個資料是同行業其他的企業管理軟體廠商無法超越的。大規模進入企業內部管理後，阿里巴巴已在全球電子商務企業中立於不敗之地。

其實，很多人都比馬雲聰明，而且也比他努力，但他卻成功了，這是為什麼呢？在馬雲看來，是因為堅持。很多聰明人在做到一半的時候就跑去自己創業，而馬雲則擁有一支忠誠的團隊與他一起往前走。所以馬雲說：「統一的價值觀、使命感和共同的目標，是阿里巴巴走到今天的重要原因。」

第6章 微軟電腦公司

比爾·蓋茲（Bill Gates）

創新的基礎在於人才

世界著名IT公司微軟，無疑是人才濟濟的地方，比爾．蓋茲也曾經表示，人才是微軟獲得成功至關重要的因素。

有一次，比爾．蓋茲與溫家寶總理會談時，溫總理問他：「你們公司創新的基礎在哪裡？」比爾．蓋茲回答說：「我們的創新靠的是人才創新。」

他曾經還坦言：「如果把微軟公司頂尖的20個人才挖走，那麼微軟就會變成一家無足輕重的公司。因為在當今激烈的市場競爭下，員工素質是公司最重要的競爭因素。」

微軟最根本的財富是那些在微軟工作了多年，開發過多項重要產品的開發團隊和程式設計師。為了建立和維持這個一流的研發團隊，比爾．蓋茲專門建立了一整套很好的機制來網羅頂尖人才。

絕不讓最優秀的人才「漏網」

2008年2月，當媒體詢問想要收購雅虎的比爾·蓋茲「為什麼雅虎值400億美元」時，比爾·蓋茲的回答令人驚訝：「我們看上的並非是該公司的產品、廣告主或者市場佔有率，而是雅虎的工程師。」他表示，這些人才是微軟未來贏過*Google*的關鍵。

比爾·蓋茲歷來重視網羅人才。微軟公司每年接到來自全世界各地的求職申請達12萬份。面對如此眾多的求職者，比爾·蓋茲仍不滿足，他認為還有許多令人滿意的人才沒有注意到微軟，因而會使微軟漏掉一些優秀的人。

不論世界上哪個角落有他中意的人才，比爾·蓋茲都會不惜任何代價將其請到微軟公司，如微軟公司最重要的領導和產品研發大師*Jim Allchin*。當年，比爾·蓋茲透過朋友多次聯繫他，請他加入微軟，*Jim Allchin*都置之不理。可是還是禁不住比爾·蓋茲的再三邀請，*Jim Allchin*終於答應面談。他一見到比爾·蓋茲就毫不客氣地說：「微軟的軟體是世界上最爛的軟體，實在不懂你們請我來做什麼。」比爾·蓋茲不但不介意，反而謙虛地對他說：「正是因為微軟的軟體存在各種缺陷，微軟才需要你這樣的人才。」*Jim Allchin*被比爾·蓋茲的虛懷若谷感動，終於答應到微軟工作。

比爾．蓋茲安排的很多「面試」，不是在考人家，而是在求人家。用微軟研究院副院長傑克．巴里斯的話說，是在「推銷式面試」。美國媒體經常提到另一個經典例子：加州「矽谷」的兩位電腦奇才——吉姆．格雷和戈登．貝爾，在微軟千方百計的說服下終於同意為微軟工作，但他們不喜歡微軟總部雷德蒙德(*Redmond*)冬季的霏霏陰雨，比爾．蓋茲就在陽光普照的「矽谷」為他們建立了一個研究院。

在微軟百分之七十左右的工程師來自印度和中國，因此比爾．蓋茲先後在印度和中國分別建立了微軟研究分院。

1998年，微軟在中國設立亞洲研究院，其原因是，當時中國的電腦博士已經超過了美國。位於北京海淀的微軟亞洲研究院，方圓幾公里內盡是北京大學、清華大學等名校。

微軟亞洲研究院英才薈萃。比爾．蓋茲找到的歷任院長在圖形、語音識別、多媒體、搜索等領域有著崇高的國際聲譽。第一任院長是的李開復，曾是蘋果總裁賈伯斯的愛將。上任院長張亞勤，是12歲上大學的天才少年。現任院長沈向洋，是美國雙料院士。這些優秀的院長除了組織研究工作之外，還以他們的慧眼和魅力，發現並吸引優秀學生到微軟實習。在研究院，微軟為實習生們配備了導師，實習生可以放手做自己感興趣的題目，遇到困難時，由導師指點迷津，最後大多數實習生能在國際期刊發表學術論文。研究院賦予的國際視野、學術指導、寬鬆友善的環境，乃至見蓋茲時所經歷的心潮澎湃，都給這些實習生留下了難以磨滅的印象。經過實習，所有實習生都被微軟所征服。微軟還資助中國高校的研究計畫，借助與高校的合作，把尋找人才的觸角伸到中國的每所一流高校。除此之外，微軟亞洲研究院還擁有高級軟體工程師百餘名，全部為中國先前各大部委、各大研究院所、海外歸國博士等電腦頂尖人才，其年薪居中國外企之首，上下班有專車接送，配有專人負責日常生活，配有專門的別墅。

微軟還不斷向海外擴張，公司在近六十個國家設有辦事處，國際員工達六千多名。比爾．蓋茲說：「我們借助外國技術員工的數學、科學和創意能力，以及他們的文化認識，來協助我們針對世界各地的市場推出本土化的產品。」據估計，每名外國員工為公司年度營收賺進一百萬美元。

微軟招聘的員工都具備一流的素質。微軟挑選員工的第一標準是應聘者具備良好的品德。第二，要看應聘者解決問題的能力如何，在面對困難時是退縮，還是勇往直前，因為實際工作中常有新問題需要解決。第三，要測試應聘者有沒有快速學習的能力，因為現在的科學技術發展是日新月異的。同時團隊精神、責任心、工作熱情、創新精神和獨立工作能力也在測試範圍之內。

比爾．蓋茲預測，百年之後，在電腦網路走向衰落的時候，必將是生物工程興起的年代。那時的微軟，生物工程將是其主營業務。比爾．蓋茲相信不管時代發生怎樣的變遷，微軟公司都能持續興旺，因為「重要的天然資源是人類的智慧、技巧及領導能力」，微軟只要堅持大力網羅一流人才的傳統，就可以進軍世界上任何一塊領地或行業。

新聞記者藍道·史卓斯說：「當我近距離檢視微軟的運作時，震撼我的不是這家公司的市場佔有率，而是該公司擬訂決策時那種密集、務實的深思熟慮。據我觀察，微軟不像昔日的*IBM*那樣，在牆上掛著訓斥員工『要思考』的牌子，而是『思考』徹底地滲入微軟的血脈，這是一家由聰明人組成、管理良好、從過程中不斷學習的公司。」不論把他們稱作螺旋槳頭腦、數位頭腦、齒輪轉動頭腦，或工作狂、用腦狂，還是微軟奴，比爾·蓋茲很自豪能請來這一群他所能找到的最聰慧的人才。

五管齊下留住人才

曾經有一位新員工開車上班時，不小心撞上比爾．蓋茲停著的新車。她嚇得問經理怎麼辦，經理說：「你發一封電子郵件道歉就是了。」她發出電子郵件後的一小時內，比爾．蓋茲不但回信告訴她別擔心，人沒傷到就好，並對她加入微軟表示歡迎。這件事表現出比爾．蓋茲的人性化管理方式，他就是靠這樣的管理方式留住了世界上許多人才，使微軟變成了一個聰明人彙集的地方。

除了靠前述那種人性化管理方式外，微軟還為員工建立了很多良好的機制，為的是留住這些人才。

1. 物質刺激「低薪資高股份」

微軟是第一家用股票期權來獎勵普通員工的企業。公司對員工的獎勵有年度獎金和給員工配股兩種方式。一個員工工作18個月後，就可以獲得認股權中25％的股票，此後每6個月可以獲得其中12.5％的股票，10年內的任何時間兌現全部認購權。微軟公司員工的主要經濟來源並非薪水，而是股票升值的收益補償。公司故意把薪水壓得比競爭對手低，創立了一個「低薪資高股份」的典範，微軟公司員工擁有股票的比率比其他任何上市公司都要高。這種將員工個人利益和企業的效益、管理和員工自身的努力等因素結合起來的薪酬制度，具有明顯的激勵效果。在微軟工作5年以上的員工，很少有離開的。有人估計，有近三千人在微軟被打造成百萬或億萬富翁。

2. 職業發展和規劃

微軟的每個程式設計師每年都有機會選擇自己的職業發展道路，包括申請當經理。對於他的經理而言，有屬下想做經理是個好消息，因為找不到繼任者的經理是很難晉升的。然而，程式設計師不必為了提升級別和待遇而申請做經理，如果他捨不得設計、編碼和測試的生活節奏，成為技術領導者是另一條明晰的職業發展道路。他可以成為技術領導、架構設計師，甚至傑出工程師（可以享有公司副總裁待遇的工程師）。

3. 無等級的安排

等級隔閡是人與人之間關係難以融洽的一大原因，它的存在妨礙了人們之間的相互溝通，不利於企業員工形成一個整體，為共同的事業齊心努力。比爾·蓋茲盡可能在微軟消除它的影響。

微軟公司的員工擁有平等的辦公室，每個辦公室的面積大小都差不多，即使是比爾·蓋茲的辦公室也比別人大不了多少。辦公室的位置由員工自己挑選，如果某一辦公室有多個人選擇，那就抽籤決定。如果有人對第一次的選擇不滿意，可以下次再選，直到滿意為止。對自己的辦公室，每個人享有絕對的自主權，可以自己裝飾和佈置，任何人都無權干涉。每個辦公室都有可隨手關閉的門，公司充分尊重每個人的隱私。微軟公司的停車場也沒有等級劃分，不管是比爾·蓋

茲，還是普通員工，誰先來誰就先選擇停車位，只有先來後到，沒有職位高低。微軟公司的這些與其他公司不相同的做法，使微軟員工心情舒暢。

4.輕鬆的工作氛圍

微軟的員工雖然每週工作時間多達80個小時，但他們平時也打曲棍球和彈奏樂器。微軟公司園區，就像一座大型的大學校園，有足球場、籃球場和跑道。比爾．蓋茲希望員工在放鬆狀態中工作。微軟公司總部所在地西雅圖經常是陰天，晴天較少。只要是豔陽高照，風和日麗，微軟的員工就可以自由自在地在外面散步、散心。另一個有特色的安排就是在每週五晚上舉行狂歡舞會。比爾．蓋茲辦舞會的目的是為了緩解員工平日工作的壓力和緊張，同時也可以增強公司員工的凝聚力和向心力，讓員工之間進一步相互溝通、增進理解和加深友誼。

在微軟，沒有從早上九點到下午五點的傳統繁文縟節，員工可以選擇在自己狀態最佳的時候工作，這有助於提高工作效率。這種管理方式靠的是公司對員工的信任、員工對公司所負的責任和每個人對成功的渴望。

5.大學式的工作環境

到過微軟總部的人都會感到，這與其說是一個公司，不如說是一座大學。這裡沒有高樓大廈，30多座建築都建得比較低。公司的年輕員工騎著單車上班，一直可以騎到走廊裡。公司的每一幢辦公樓都有X形的雙翼和各種各樣的稜角，使每個辦公室的窗戶增多，員工可以好好地欣賞附近的風景。總部的每一位員工都有一間自己相對封閉的辦公室，在那裡，無論是開發人員、市場人員，還是管理人員都可以保持個人的獨立性。

微軟公司就是靠別出心裁的人性化管理，留住了一大批富有創造力的人才為微軟公司工作。

開放、創新的企業文化

比爾．蓋茲的許多管理技巧是值得其他企業學習的。

1. 開門政策，暢所欲言

比爾．蓋茲主張施行「開門政策」，他鼓勵員工暢所欲言，對公司的發展、存在的問題，甚至上司的缺點，毫無保留地提出批評、建議或提案。他說：「如果人人都能提出建議，就說明人人都在關心公司，公司才會有前途。」

1995年比爾．蓋茲宣佈不涉足*Internet*領域產品，很多員工透過電子郵件提出了反對意見。當比爾．蓋茲發現有許多他尊敬的人持反對意見時，花了很多時間與這些員工見面，最後寫出了〈互聯網浪潮〉這篇文章，承認了自己的過錯。他把許多優秀的員工調到*Internet*部門，並取消或削減了許多其他產品，以便把資源調入*Internet*部門。這樣一來，電子郵件系統以一種迅速、方便、直接、尊重人性的溝通工作方式為微軟公司內部上下級之間的交流提供了巨大的方便，確保了相互間意見的及時溝通，使員工體驗到和睦的民主氣氛。

在電子郵件之外，人們還定期在微軟舉辦的產品檢討會上暢所欲言。參加過這種會議的人說：「噢，上帝！那就像是走進一間鬧鬼的屋子，很可怕但也很有趣。」比爾．蓋茲喜歡敢跟他對立的人，他討厭應聲蟲。在產品檢討會上，比爾．蓋茲尖叫、揮舞手臂、咆哮、打斷別人講話、嚴厲地吼出他的指控。而挨罵的員工絕不輕易認輸，都會勇敢地表達出自己的觀點。「比爾能承認他是錯的……如果某某人有更好的方法或更好的技術，比爾很願意敞開胸懷接受。」這是人們敢於反駁他的原因。

另外，比爾．蓋茲每年都會徵集所有員工的論文，看看大家關於新的發展的想法。他花兩個星期什麼都不做，專門去讀員工的論文，讀過每篇論文之後都會做出回饋，然後發到網上給大家看。大家發表意見後，比爾．蓋茲安排專人把這些文章歸納起來，整理出60個課題，再從各個事業單位中抽出精英組成60個工作小組來研究這些課題，做出創新。

2. 尊重失敗

「失敗是成功之母」，這是微軟指導實際工作的理念。比爾．蓋茲不斷灌輸正確對待失敗、尊重失敗的思想，甚至提出「沒有失敗說明工作沒有努力」。在微軟，如果遇到失敗，接下來進行的不是批評、斥責或者評估損失，而是「殘酷無情」的剖析過程，他們認為這是對失敗的尊重。失敗的結果最直接的作用就是促使人們去嘗試新的實現可能，屢敗屢戰的精神成就了微軟最終的成功。用微軟自己的話說：「失敗是成功的一種需要。」

3. 教練式培訓

儘管微軟內部有幾百個講座和課程的錄影，但對員工沒有任何選課的要求，這與其他大企業很不一樣。微軟崇尚另一種培訓機制，有點像傳統手工業中師傅帶領徒弟的方式，只是微軟稱師傅為教練。新程式設計師的第一任教練往往是一名優秀的程式設計師，他們最能體會程式設計員工作中的苦惱與樂趣，名師出高徒是教練培訓機制的必然結果。

4.資訊公開

很多公司將資訊視作一種權力或者私有財產，但比爾·蓋茲提倡一種「釋放資訊」的管理方式，即：不論你是哪個部門或哪個專案小組，不論你是上級還是下級，都盡量將自己的目前工作狀況、專案思路、計畫實施、遇到的問題等資訊公佈出來。在「釋放資訊」的背後，微軟創造的是一種相互信任、相互協助、高效率的工作氛圍。

另外，微軟公司對員工的業績考核採取經理和員工雙方溝通的形式。在每個會計年度開始，經理會和員工總結上年度的工作得失，然後訂出新一年的目標。目標以報表形式列出員工的工作職能和工作目的，大概過半年時間，經理會拿出這張報表和員工的實際工作對照，做一次年中評價。年底時，經理還會和員工共同進行衡量，最後得出這個員工的工作表現等級，依此來決定員工的年度獎金和配股數量。這種辦法的好處在於，能使公司的發展目標和員工的業務目標結合在一起，使員工有了努力的方向。另一方面，員工也可以提出實現目標，希望公司給予發展和培訓機會。

充分發揮人才的「專業能力」

世界上所有的軟體公司，其核心力量就是「技術」，微軟也不例外。雖然作為公司的最高技術決策者，但對於比爾·蓋茲來說，充分發揮員工的效能才能使技術力量凝聚得更為強大，最終決定技術的發展方向。

比爾·蓋茲在微軟的主要工作是，構建微軟的長期技術發展路線，並且確認公司內部每個行政部門的科研規劃是相互補充而不是重疊的。在制定發展線路之前，比爾·蓋茲會召開「腦力激盪」式的討論會議，讓公司每個產品和技術部門向他做技術彙報。做這樣的技術彙報，不但能讓比爾·蓋茲得到一些有價值的資訊，同時每個產品和技術部門在準備報告的過程中也都受益匪淺。這點也是比爾·蓋茲的目的之一。因為他們為了準備回答比爾·蓋茲可能提到的各種問題，會在做彙報前進行徹底的市場、技術和競爭對手調研等資訊準備工作，避免面對面的尷尬。

在微軟幾乎每個人都知道比爾·蓋茲有個習慣，就是每年會抽出兩段時間「閉關」獨立思考問題，大家稱這段時間為「思考週」。不過，在「思考週」開始之前，比爾·蓋茲同樣會召集各個部門的精英商討會議，他要求每人都發揮專長為他提供大量的、有價值的閱讀資料和技術建議。

隨後便是比爾．蓋茲的獨立思考，篩選出合理建議，記下自己的想法，靜靜地思考，然後才會做出公司長期的技術發展決定。

微軟相信「人盡其才」，所以他們設立了「雙軌道」發展機制，也就是說，微軟允許優秀的員工可以根據自己的意願，選擇是在管理軌道上發展還是在技術軌道上發展。每條軌道給員工提供的機會都是均等的。因此，在微軟的一個高級工程師可能比副總裁的資歷還要深。這樣的「雙軌道」機制才能從制度上保證人才發展的多樣性，有利於吸引和保留更多的人才。

同時，微軟鼓勵內部人才的流動和發展，而且各個部門的管理者應該按照人盡其才的原則為每一個人才創造合適的發展空間。各級管理者要本著「人才不屬於我的部門，而是屬於整個微軟公司」的信念，這樣他就不會把人才佔為己有，而是給人才更廣闊的發展空間去完善自己，不管這個空間是由自己的管理機構創造的，還是由其他機構創造的。因為在這樣的制度下，優秀的人才才能找到更加適合自己發展的道路。

這就是比爾．蓋茲對人才的管理藝術。作為一名企業家，他成功地將自己的事業推到了世界的頂峰。作為一名管理者，他的管理藝術已經完全滲透到微軟中，並對世界其他企業的管理方式做出了成功典範。

用人不疑的氣魄與膽識

1982年，比爾·蓋茲已經在電腦作業系統領域站在了霸主的位置，於是他決定帶領微軟向軟體領域進軍。比爾·蓋茲不但想在軟體領域分到一杯羹，而且以他的實力他甚至想在這個領域稱雄稱霸。雖然比爾·蓋茲的想法已經成熟，可是當時微軟還不是一個具有多功能發展的公司，尤其在市場行銷和服務方面，微軟簡直就是一個門外漢。

其實那時候微軟有一個用戶服務辦公室，但完全是一個「擺設品」。辦公室裡只有兩名女員工，因為她們本身對軟體就了解得很少，所以她們在回答用戶問題的時候，除了回答「目前這個版本還在研製當中」、「我會將您的問題呈報上去的」這些外，就是讓用戶在留言簿寫下自己的意見和需求，然後置之不理。在用戶服務辦公室的桌子上，厚厚的留言簿堆放在那兒，上面落滿了灰塵，根本無人理會。

正規的大公司都應把用戶服務看作是高於一切的事情，甚至看作是公司發展的「生命線」。如果一個公司沒有一個強有力的用戶服務部門，那麼想要在零售市場上大展宏圖是非常困難的。所以，微軟想要進軍軟體零售市場，首先要解決的就是長期以來存在的薄弱環節——銷售部門。

想要將銷售部門從最弱的階段發展成決定微軟進軍零售市場的核心力量，就必須找到一個有能力擔起微軟零售管理重任的人，否則微軟的戰略計畫就只能是個夢想。於是總裁喬恩．謝利和比爾．蓋茲費盡心機，甚至雇用獵頭公司幫他們尋找這個能擔當重任的人。

1984年初，獵頭公司給謝利送來了幾個人的資料，其中一個叫傑瑞．拉騰伯的人引起了他的注意。傑瑞．拉騰伯最初是在M&M公司任職，後來又到阿塔里電腦公司從事銷售工作，現任科瓦拉技術公司銷售督導，他本人具有豐富的零售行銷技巧、超強的管理能力和實際的銷售經驗，他正是微軟一直在尋找的人才。謝利當即把傑瑞．拉騰伯的資料給了比爾．蓋茲，兩個人略加討論當即決定，聘請傑瑞．拉騰伯為銷售部門的副總裁。後來經過謝利的一番誠心遊說，傑瑞．拉騰伯終於同意到微軟工作。1984年5月傑瑞．拉騰伯正式上任微軟銷售部門副總裁。當傑瑞．拉騰伯走進銷售部門的辦公室時，他被眼前的景象驚呆了：「天哪，這些都是什麼啊！」因為傑瑞．拉騰伯做夢都沒有想到，在當時已經小有名氣的微軟，在用戶服務方面竟然如此糟糕。

在傑瑞．拉騰伯上任的時候，微軟已經開發出「微軟詞」、「多元計畫」等應用軟體，但「微軟詞」在性能方面還是比不上「*Lotus1-2-3*」，所以微軟在美國市場的銷售狀況不佳。比爾．蓋茲準備用由「奧德賽」改名為「超凡」的軟體和蓮花公司決一死戰，扭轉微軟在軟體市場上的不利局勢。所以，一個強有力的零售和服務部門是亟待解決的問題。

當時微軟的應用軟體產品不斷地開發出來，但是在微軟很少有人知道軟體零售市場到底是怎麼回事。他們曾經試著採用過許多種不同的方式進行銷售，但成績都不佳。傑瑞．拉騰伯到微軟工作幾天後，憑藉他對銷售市場多年的經驗和知識，立即就發現微軟的病因所在。

「對於一個像微軟這樣的大公司而言，居然沒有一支強有力的用戶服務隊伍，為用戶提供全面、周到的服務，簡直是讓人難以想像。」傑瑞．拉騰伯直言不諱地對比爾．蓋茲說。面對侃侃而談的傑瑞．拉騰伯，比爾．蓋茲這次完全將他習慣刁難他人的方式收了起來。因為他對行銷確實是知之甚少。後來經過傑瑞．拉騰伯對微軟零售和服務隊伍的整頓，微軟在軟體領域也開始獨樹一幟了。

比爾．蓋茲這種當機立斷、用人不疑的精神和乾脆俐落的氣魄和膽略，使微軟又開始步上了飛速發展的軌道。

「壓榨式」的成功管理

在IT行業裡的很多人都知道，微軟的內部管理模式簡單地說，就是「腦力壓榨機」。在微軟工作不但會感到壓力大，同時挫折感更大。然而即便是這樣，微軟員工的流動率卻是同行業裡最低的。這就充分說明了微軟的高壓式管理模式至少在微軟內部是非常成功的。

「創造一個使員工可以努力工作並且心甘情願地為企業賣力的工作環境。」這是一套全新的管理方式。因為現在的人們不單單是工作就得到滿足，他們更注重休閒、成就感和歸屬感。

比爾．蓋茲正是抓住了資訊產業人員的人格特質：高成就動機、不重視外在報酬、主動積極等，他成功地運用「轉換式管理」，將公司的重任分攤給每個工作小組，充分發揮每位員工的能力，創造出更多的奇蹟。

作為高科技產業公司，微軟採用的是一種「非人性化的管理」。他們透過嚴格的篩選制度，將員工「榨乾與強制汰換」，而留下的員工就像比爾．蓋茲，是有過人的才智、有野心、願意長期付出以換取長期利益的人才？所以才使微軟「非人性化的管理」獲得了巨大的成功。簡單而言，微軟的管理風格一直是在不斷的壓力中追求成長。因為微軟要做的是領先的創造，只有壓力才能刺激出員工的靈感，同時也賦予了他們使命感。

也許有許多人會問：「為什麼微軟的員工在備受比爾．蓋茲如此之大的壓榨下，還願意繼續為他工作呢？」這是因為，微軟除了能夠給予員工較好的薪水和福利待遇之外，它確實是世界上軟體產業的龍頭企業。此外，微軟帶領員工一起接受挑戰，一起成長，員工在這裡不但可以學到很多東西，而且還能享受成就感和使命感。

微軟作為世界IT行業的龍頭，它需要世界頂尖的設計人才幫助它不斷向前衝，所以作為微軟領頭人的比爾．蓋茲不斷地將自己和員工逼向極限。

第7章 惠普公司

戴維· 帕卡德（Dave Packard）

人本管理典範

2003年，《財富》雜誌評出了美國歷史上十位最傑出的CEO，惠普創始人戴維·帕卡德（*Dave Packard*）入選。他是眾多企業最早提倡「以人為本」的管理理念者，他說：「一家公司有比為股東賺錢更崇高的責任。我們應該對員工負責，應該承認他們的尊嚴。」

1983年，英國女王伊莉莎白訪問美國時，只提出參觀一家公司——惠普公司。因為惠普被美國人稱為「使矽谷誕生的公司」，這不僅是因為惠普是矽谷最早成立的公司，還因為戴維·帕卡德在締造矽谷精神方面的貢獻超過了其他任何*CEO*。在戴維·帕卡德和比爾·休利特（*Bill Hewlett*）的領導下，惠普形成了一種新型的企業文化：「惠普之道是由一種信念衍生出來的政策和行動，這種信念是：相信任何人都願努力地工作，並能創造性地工作，只要賦予他們適宜的環境，他們一定能成功。」這種企業文化前所未見，充滿了理想主義氣息，同時在實踐中也很成功。

尊重與關懷的人性管理

戴維．帕卡德在學生時代是個運動員，體育老師告訴他：爭霸的兩隊往往擁有同等優秀的隊員，這個時候團隊精神最重要。如果雙方都富於團隊精神，那麼擁有強烈求勝意志的隊伍將會獲勝。戴維．帕卡德後來說：「我將此信條牢記在心，它在日後成為經營惠普的指導原則，即：集結最好的人才，強調團隊精神，然後燃起他們必勝的信念。」對個人的尊重與信任是惠普文化的核心，正如創始人休利特所說：「這是由一種信念衍生出來的政策和行動，這種信念是：相信任何人都願努力工作，並能創造性地工作，只要賦予他們適宜的環境，他們就能做到這一點。」惠普人性化的企業文化，很容易把一個企業凝聚起來，這樣的一家好公司，往往使員工願意一輩子都為它做事。

1960年，惠普新的總部大樓建成，大樓裡有天井和庭院，員工可以在那裡騎馬、打排球和羽毛球。惠普還有自己的自助餐廳，員工無論級別高低都在這裡用餐，只要花費不到3美元就可以享受到一頓豐盛的午餐，置身於這樣的環境，使員工找到了在大學餐廳的感覺。同時惠普每天免費為員工供應兩次咖啡和甜甜圈，員工可以去大型的咖啡廳免費享用咖啡，下午不定期地會有啤酒狂歡。在惠普，歡欣鼓舞的事情已經是屢見不鮮，只要四處走動一下，總能看到一群人在慶祝某人生日或其他各種事情。

20世紀50年代初，惠普在鄉間購買了一塊土地，把其中的一部分改建成可供2000多人舉行野餐的娛樂區，同時還可以接待惠普的員工及他們的家屬在這裡露宿。在公司的燒烤聚會上，戴維·帕卡德、休利特以及惠普的許多管理人員都盡量參加，這樣可增加與員工的交流。

戴維·帕卡德會繫上印有「老闆」字樣的圍裙，把嫩牛排逐一遞給數以百計的下屬。度假時，帕卡德主張低層管理人員在飯後表演諷刺小品，並把惠普高層管理人員作為取笑對象。他對公關部經理說：「取笑任何人都可以，但是對我和休利特的嘲諷要最尖刻。」於是，員工們在飯後肆意嘲弄休利特橫衝直撞的開車風格，責怪戴維·帕卡德如同喃喃自語般的發言，甚至讓舞台上扮演的帕卡德員工斥責「無法勝任工作」的人。員工們興高采烈地度過快樂的一天。

這項措施很受惠普員工的歡迎，因此戴維·帕卡德決定在世界上所有有惠普人聚居的地區都實施這項措施。在美國，惠普在科羅拉多州的山區和麻薩諸塞州的海邊買了地；在英國，惠普買了一個小湖泊供員工垂釣；在馬來西亞，惠普擁有一幢海濱別墅；在德國，惠普購買了適於滑雪的山地……這樣的遊樂區有二十多個，全球各地的惠普員工如想前往其中任何一個地區，都可以預先約定，以極少的花費便可遍覽湖光山色。

在休假之外，惠普還為員工提供了其他的很多福利。1942年，惠普一個員工得了肺結核，戴維·

帕卡德和休利特就一直在財務上支持這名員工。後來他們決定在全公司範圍內成立意外災害健康保險，這一舉措在美國的所有公司中開創了先河。1948年，戴維．帕卡德決定為在惠普工作了五年以上的員工購買養老保險。另外，惠普還是最早實行員工股票購買計畫和現金利潤分享的公司。

惠普的薪資是比較高的，但不是最高的，這是因為如果企業給了員工高薪資，當然需要員工高產出，這樣就會使得員工壓力很大。很多高薪企業的員工幹一年就透支三、四年的精力。惠普不想給員工太大的壓力。

帕卡德一直強調，員工應該工作、生活兩不誤。惠普不要求員工把全部的身心都投入到工作中，不希望員工因為工作而失去個人生活。戴維．帕卡德知道，科研工作需要寬鬆的環境、和諧的人際關係和自由的氛圍，對科研人員施加過大的壓力無異於殺雞取卵。

1967年，惠普在德國的波布林根率先實施彈性工作制。戴維．帕卡德說：「在我看來，靈活工作時間是尊重人、信任人的精髓。它表明我們既看到了我們的職員個人生活很繁忙，同時也相信他們能夠和其上司和工作群體一起制定一個既方便個人又公道合理的時間表。」

這種靈活的上班制度允許員工在保證完成規定工時和工作量的情況下，自由掌握上下班時間。惠普不記考勤，沒有上下班打卡制度。惠普的員工都有帶薪休假，而且基本上想什麼時候休假都可以，只要提前跟自己的上司打聲招呼，不耽誤工作就可以。帕卡德認為，容忍個人的不同需要是以人為本的「惠普之道」，藉以表示對員工尊重和信任的要素之一。

彈性工作制之外，戴維·帕卡德還允許辭職的員工再次回到惠普。多年來，惠普一直有一些員工因為其他地方似乎有更好的機會而離去。但惠普不像很多其他公司，員工一旦離開，就沒有機會得到重新雇用。惠普始終認為，只要辭職者沒有為直接競爭對手工作，只要他們有良好的工作表現，就歡迎他們回來。因為他們了解惠普，不需要再培訓，而且通常他們回到惠普後會有更積極的工作態度。

有些離開惠普的員工成功地開辦了他們自己的公司，這些公司雇用的員工超過了4萬人。戴維·帕卡德和休利特並不因此而感到不快，他們尊重這些員工的創業精神，而且為與這些員工共事過而感到高興，還為這些員工在他們自己的公司採用了許多體現「惠普之道」管理原則和做法而感到十分榮幸和自豪。

惠普還有一個同甘共苦的用人政策：「我們為你提供一個永久的工作，只要你表現良好，我們就雇用你。」

早在20世紀40年代，戴維·帕卡德和休利特就決定，惠普不能「用人時就雇用，不用人時就辭退」。1950年，有人出價一千萬美元要收購惠普，這個價格在當時頗為誘人，但卻遭到了戴維·帕卡德和休利特的斷然拒絕，因為這會使惠普員工落入一群以金錢私利為先的陌生人手中。

1970年，由於美國經濟下滑，公司訂貨量低於生產能力，惠普員工面臨被解雇的困境。但是戴維·帕卡德和休利特頂住壓力，沒裁掉一個人，而是全體員工一律減薪10％，減少工作時數10％，保障了全員就業。惠普對員工不斷進行培訓，提高他們適應環境和為公司貢獻的能力，這是履行不解雇一名員工的承諾的重要保證措施。惠普的合格工程師可以在史丹佛大學繼續深造，已有數百名工程師透過這個計畫獲得了碩士或博士學位。惠普在不斷培訓員工的同時，從內部大量提拔人員，這也是惠普對員工信任和尊重的一種表現。

目標管理，自主工作

惠普是地方分權式的組織，很少有統一的規範來約束員工。惠普的管理層不是去控制員工，而是要建立一種氛圍和開放的體制，採取以員工為主，經理支援的方式，這可以加快決策進程，並有助於員工獲得更大的滿足感和成就感。這種管理模式源於帕卡德的一段軍旅生涯。1969年，戴維．帕卡德受美國國防部長的邀請，離開工作30年之久的惠普公司，出任美國國防部副部長。三年的國防部工作，使戴維．帕卡德對管理有了更深刻的理解和認知。他把軍隊目標管理方法引進惠普公司的同時，明確拒絕那種嚴密的控制體系。戴維．帕卡德指出：

「我們休利特-帕卡德（*HP*）公司的政策是，不採取嚴格的、軍隊型的措施，而是制定透過明確陳述而得到大家同意的全面目標，並使人們在他們自己負責的領域內自由地採用最好的方法來實現這些目標。」

「管理不僅僅是一種權威，而且更重要的是一種溝通，一種讓被管理者真心接受管理的『理』。有一種軍隊式的組織方式，即最高層負責人發出命令，然後一直傳達到最低一層的人，直到叫他們做什麼就做什麼，不准提問，也不要說明原因。我們惠普公司過去和現在都不希望這樣做。我們認為，要實現我們的目標，必須得到人們的理解和支持，允許他們在致力於實現共同目標中有靈活性，幫助公司確定最適於其運作和組織的方式。」

戴維·帕卡德對企業的目標管理做了新的定義：「目標管理與控制管理的方法恰恰相反。控制管理指的是一種軍隊式的嚴密控制的管理體系。在這種體系下，人們被指定、被要求做特定的工作，叫他做什麼就做什麼，無須對這個組織的總目標有多少了解。而目標管理指的是這樣一種管理體系：明確提出總目標並對總目標取得一致意見，使人們能靈活地以他們認為最適於完成其職責的方式去致力於實現那些目標。它是分散管理的哲學，是自由企業制度的精髓。

「現在越來越多的公司正在意識到分散經營和目標管理的真正好處。他們還發現，人們在共同目標下、在個人自由的氣氛中一起工作的做法，並不是什麼新東西。兩千多年以前，在雅典和斯巴達的對抗中就顯示了這一點。無論從歷史來看，還是從目前的商業經驗來看，都可以找到很多證據顯示，一個提供機會發揮個人主動性的組織，比由上級下指示和實行嚴密控制來運轉的組織，會取得更好的業績。目標管理的成功實踐是一條雙行道。各級經理必須確保他們手下的人清楚地理解公司的總宗旨和總目標，以及他們分部或部門的具體目標。因此，經理有強烈的義務促進良好的溝通和相互的理解。反過來說，他們手下的人必須對他們的工作有足夠的興趣來實施計畫，為老的問題提出新的解決辦法，並敢於冒風險去做出一些貢獻。」

戴維·帕卡德為目標管理模式制定了許多實施細則，下面我們來看一個目標管理的具體實施案例。惠普中國區總裁孫振耀曾以自己的個人經歷闡釋了惠普的目標管理法。

1977年，孫振耀成為台灣惠普電腦中心的一名合約制員工。第一天上班，他的主管經理就用了半天的時間來和他交流他這個工作的「職位說明」，包括這個工作是做什麼的，有什麼樣的價值，最重要的工作內容是什麼，以及公司對這個崗位的評價標準。

當時孫振耀感到難以理解，經理為什麼對一個剛進來的合約制員工這麼鄭重其事？如果需要他做什麼，直接吩咐不就行了嗎？

後來孫振耀發現，在惠普，即使是一個合約制員工，也有很大的發揮空間。經理給他設定工作目標後，沒有教他如何去做，而是鼓勵他活用腦筋，自己想出實現目標的方法。當然如果孫振耀在工作中感到迷惑或困難，向經理尋求幫助的時候，經理會耐心地和他一起分析癥結所在，分析各種解決之道的優劣，協助他找到正確的方法。這樣工作一段時間後，孫振耀「聽命行事」的被動性漸漸消失，工作的主動性油然而生。

孫振耀主動向經理提議設計一個與以前格式不同的資料庫來幫助團隊應對審核，他的想法得到了贊同。隨後的幾個星期，孫振耀勤奮工作，竭盡所能想趕在年末業務審核之前完成任務。但由於經驗不足，他低估了工作的難度，在業務審核開始的前一天資料庫設計工作仍沒有完成。孫振耀沮喪地對經理說：「對不起，我沒有完成。」

經理當時的表情，讓孫振耀至今難忘。他沒有聲色俱厲地進行訓斥，只是輕聲說：「這個責任是我的，你已經盡全力了，也得到了教訓，現在回去休息吧，後面還有新的工作等著你來完成。」孫振耀的內疚和經理的寬容成為他後來奮發努力的強大動力。

經過這次挫折，孫振耀記取教訓，更好地掌握了惠普「目標管理法」的流程和注意事項：首先是設定目標，目標是根據崗位職責和公司整體目標，由主管經理和當事者一起討論確定的。其次，要自己動手制訂工作計畫，最重要的內容是對終極目標進行階段性分解，並提出達成各階段目標的策略和方法。主管者只是當事者制訂工作計畫的指導者和討論對象，而不會越俎代庖。第三，定期進行「進展總結」，由主管經理、當事者和業務團隊一起，分析現狀與目標的差距，找到彌補差距、完成目標的具體措施。孫振耀設計資料庫任務的失敗關鍵是缺少了這個環節。最後，在任務截止期，進行總體性的績效評估，沒有完成要檢討原因；如果完成效果超出預期，或是達成了當初看起來難以完成的目標，則要分析成功的原因，並與團隊分享經驗。

20世紀80年代，孫振耀從工程師轉任銷售員。主管經理和他一起制定了銷售目標——促使惠普的一家潛在大客戶採購大幅面繪圖機。按照惠普的目標管理法，在確定目標之後，業務人員需要在惠普的商業準則及公司政策範圍內，自己想出辦法完成工作。

這家客戶距離惠普所在地有100多公里，見一次面很不容易，因此孫振耀主要透過信件向客戶介紹惠普的產品。孫振耀認為，自己只要把惠普產品在性能、品質、價格等方面的優勢向客戶介紹清楚就行了。但客戶卻遲遲沒有下訂單。

孫振耀感到非常困惑，他的主管經理在例行的「進展總結」環節中，發現了該項目停滯不前的狀況。這個時候，經理並沒有教孫振耀如何去做，而是和他一起回顧了業務的操作方式。當知道孫振耀和客戶之間主要依靠通信聯繫時，經理說：「振耀，你認為他是不喜歡你的產品，還是不喜歡你這個人呢？」短短的一句話，讓孫振耀頓生醍醐灌頂之感。

隨後，孫振耀主動開車去會見客戶，當面聽取意見，解答疑慮。有時恰好趕上下班時間，他就順便讓客戶搭他的車返回市區。在擁堵的車道上，他們聊聊家常事，交流一下對人生、事業的看法，相處十分愉快。短短三個星期之後，這個客戶就簽下了採購惠普產品的合約，孫振耀按時完成了任務。

孫振耀從他的經理那裡進一步領會了惠普目標管理的精神。在他感到困惑時，經理不是告訴他應該怎麼做，而是扮演教導者的角色。在前後兩種不同工作方法的對比中，孫振耀領悟了銷售的技巧，這種自我學習的效果，遠遠好過耳提面命的教導方法。

完全的信任，開放式的管理

1971年，大衛·帕卡德離開國防部回到惠普進行的第一項管理革新就是，停止使用單間辦公室，把一間大房子用齊肩高的隔板分割成若干個辦公區間，以創造開放式的辦公環境。這種做法鼓勵並保證了溝通交流不僅是自上而下的，而且是自下而上的。在注重時機、效率和決策準確性的高科技產業，在發展迅速、變化繁複的全球市場，開放式溝通可以幫助企業領導人更好地了解企業和市場第一線的動態，更好地把握機遇，在一定程度上克服層層彙報制度可能導致的資訊扭曲或衰減，避免閉門造車式的錯誤決定。

戴維·帕卡德在《惠普之道》一書中說：「開放原則在惠普非常重要，因為它代表了我們所認定的管理風格，意味著經理人是易於接近的、開放的，而且樂於接納他人的意見……開放原則是構成目標管理法的必要部分，也是一種激勵方法。」公司兩位創始人帕卡德和休利特都喜歡在員工當中走動，和有空閒的人聊天。與科學家和搬運工的簡短閒聊令他們對自己的公司瞭若指掌。

戴維·帕卡德提倡「開放原則」，體現了惠普公司的核心價值觀：信任和尊重個人，以團隊精神達到共同目標。我們還是透過惠普中國區總裁孫振耀的實踐來理解帕卡德的開放式管理之道。

在大多數企業，級別高的經理往往享受比普通員工更寬大、更豪華的辦公環境。而在惠普則完全是另外一種景象。2001年2月，孫振耀取消了所有經理的獨立辦公室，員工無論職務高低，都在公共空間的區間中辦公，他自己的座位也跟普通員工的一模一樣，惠普中國區真正實現了現代化的開放式移動辦公。

取消所有經理的獨立辦公室後，惠普中國區的企業文化也在悄然發生變革。所有員工可以在任何時候走到孫振耀或者任何一位經理的辦公桌旁，直接進行交流。這種開放式溝通可以讓員工更容易接近管理層，從而更及時、方便地向管理團隊提出意見和建議。

在惠普，員工可以越級溝通，也就是向更高一級的管理團隊直接提出意見和建議。但等級觀念對上下級溝通還是有一定的障礙，惠普中國區因此推行了「直呼其名」、「溝通日」和「茶會」等制度。

直呼其名：在惠普（中國），員工之間、上下級之間都不稱呼頭銜，從中體現了平等、開放、和諧的企業文化氛圍，這與惠普的價值觀是非常吻合的。

溝通日：孫振耀每季度都要抽出一天時間親自向所有員工通告公司的最新狀況，包括市場策略、業務進展等，員工也可以提出各方面問題，他們的意見會被記錄下來，會有專人向員工回饋相關的進展。

茶會：孫振耀推動以茶會的方式和不同層級的員工進行面對面的溝通，所有中高層管理者都抽出固定的時間，與不同層級或不同部門的員工進行茶會，在茶會上，經理人讓員工了解所在團隊和個人業績的表現，原本嚴肅的溝通能夠在平和、輕鬆的氛圍中完成。

有個週末，孫振耀邀請了幾名市場部的員工一起吃飯、喝茶，交流對惠普品牌發展的想法和創意。期間有一名員工接了個電話，她的臉上露出了既委屈又無奈的表情，原來是她的先生放心不下來電詢問。在另一家IT跨國公司任職的丈夫不相信她，「你們總裁和妳隔了不知道多少級，他怎麼會跟妳在一起喝茶聊天？這絕不可能！」孫振耀聽她這麼一說，對惠普的開放式溝通更堅定了信心。

孫振耀為了實踐惠普的企業價值觀，對自己的性格和生活方式做出了調整。例如，溫暖輕鬆的家庭晚餐、讀書沉思的個人時間、公事公辦的同事關係。很多老朋友都說他性情變化了很多，不再像以前那麼拘謹，變得更加開放和健談。

透過「直呼其名」、「溝通日」和「茶會」等制度，加上各種非正式的、開放式的溝通，公司決策層得以吸收員工的很多好建議，惠普（中國）團隊的凝聚力和歸屬感也得到了加強。

「開放原則」不僅是開放式的溝通，還包括了著名的開放設備器材制度。帕卡德早年曾為通用電氣工作，「那時通用電氣公司特別熱心於守衛其工具和零件貯藏箱，確保雇員不致偷走什麼東西。面對這種顯然的不信任表現，許多員工決意對著幹，只要有可能，便把工具或零件帶走。最後，通用電氣公司的工具和零件散落在全城各地，包括我們一些人居住的房子的樓頂上。當我們創辦惠普公司時，我對通用電氣公司的這些事仍然記憶猶新，因此我決定，我們的零件箱和貯藏室應該始終開放。」惠普還鼓勵工程師們把實驗室備用品拿回自己家裡去供個人使用。惠普公司認為，不管工程師用這些設備所做的事是不是跟他們手頭從事的工作項目有關，反正他們無論是在工作崗位上還是在家擺弄這些玩意兒都能學到一些東西，公司因而可以加強對產品技術革新的了解。

工作、生活兩不誤的雙效管理

惠普一直強調這樣一個理念：讓員工的工作、生活兩不誤。他們不希望員工因為工作而失去了生活、家庭和愛好。惠普既不給員工很高的薪資，但也不給員工施加太大的壓力，他們總是希望員工在工作的同時兼顧到自己的生活，為員工營造和諧的生存環境。

在惠普工作很多年的老員工都非常喜歡這種管理理念。他們認為，惠普的這種管理理念使他們的工作環境很和諧，大家的工作壓力不那麼大，互相之間比較友好，大家團隊合作、互幫互助，很少會因為一點小事情而發生爭吵。

惠普的這種理念與其他的很多企業不同，比如在很多企業裡，員工的薪水確實很高，但他們的工作壓力也是相當大的，因為這樣才符合市場經濟的利益平等交換原則。

但惠普認為，他們所提倡的這種理念會使工作效率更高，比如有員工要在上班期間出去檢查維修，如果不讓他去的話，他坐在辦公室裡就會因為惦記這件事而沒有工作效率，所以在惠普從來都是不記考勤、沒有上下班打卡制度。

而且惠普的員工都有帶薪休假，基本上他們想什麼時候休假都可以，只要提前跟自己的上司打聲招呼，把工作做完或者交接一下就可以了。它之所以這樣做，就是為了盡量兼顧每位員工的工作和生活，讓他們能主動地去安排生活。

惠普並不贊同工作狂，更不希望把自己的每位員工都變成工作狂，所以在惠普很少有人會加班。儘管他們的工作強度不是很大，但是工作難度卻很大，而且品質標準很高，每名員工做事情都是精益求精，力求把工作做得完美。作為一家靠創新制勝的高科技公司，寬鬆的環境正是創新的基本前提。

為了鼓勵員工之間友好相處，惠普採取各種措施積極配合他們，鼓勵員工開展各種業餘活動。其中惠普的工會組織最為活躍，每年都要競選新的工會主席。這個工會領導人只是業餘的，他是在完成了自己本職工作之後為大家服務的，既沒有等級上的差別，更沒有待遇上的差別。工會的主要工作是豐富員工的業餘生活。

惠普會投入大量的費用在工會組織的各種活動上。比如有人喜歡打籃球，就組織一個籃球俱樂部；有人喜歡游泳，就組織一個游泳俱樂部等，目的就是讓大家隨自己的喜好和興趣去娛樂、去休息。透過這種方式建立歡快、和諧的員工關係，使員工相互之間的溝通變得很容易。另外，惠普每年都會舉辦一些大型活動，比如運動會、聯歡晚會、舞會等，目的也是為了加強員工之間的了解和溝通。

在程天縱擔任惠普中國地區總裁期間，他曾經提出過這樣一個想法：如果公司能營造一種讓員工早上起來就想往辦公室跑，下班後不願意回家的環境該多好啊。當然這些都不是靠壓力，而是靠環境的吸引力。他希望員工感覺公司是一個令人愉快的地方，與同事們在一起是非常快樂的，因此就會越來越喜歡上班，喜歡跟大家在一起，喜歡留在公司。後來事實證明，這種措施確實產生了預期的效果，很多員工在下班後，總是喜歡和同事們在一起，也不願意那麼早就回家。

透過這種輕鬆的方式把員工們凝聚在一起，不論是在工作中還是在生活中，大家都能和諧共處，輕鬆快樂。這樣的方式比整天口頭上提倡團隊精神要來得自然些，可以算是一種水到渠成的過程。

第8章 通用電氣公司

傑克· 威爾許(Jack Welch)

企業再造

要成為成功的領導者，第一個挑戰發生在成為領導者之時。傑克·威爾許這樣描繪領導者的挑戰：「在成為領導者之前，成功是關於讓你自己成長；當你成為領導者，成功是幫助他人成長。」領導力是關於如何帶領一群人達成目標，管理是「如何做事」或做事的技術層面，領導力所涉及的是人的層面，如激勵、鼓舞，等等。由事到人，由自己到他人，是新領導者的第一課。

從1981年接手通用電氣（*GE*）起，在20年間，傑克·威爾許將一個瀰漫著官僚主義氣息的公司，打造成一個充滿朝氣，富有生機的企業巨頭。而到2001年9月，他退休時，通用電氣的市值已經從20年前上任時的140億美元上升到5750億美元。威爾許出眾的功績使得他多次被評為「世界最佳*CEO*」，成為全球經理人的典範。

強勢消滅官僚作風

傑克．威爾許接手通用電氣時，公司並不是一個爛攤子，它有很多優勢。那時GE是個總資產250億美元的大公司，年利潤額為15億美元，擁有40多萬名員工。它的產品和服務滲透到美國經濟的各方面：從烤麵包機到發電廠，幾乎無所不包。一些員工自豪地把通用電氣公司形容成一艘「超級油輪」，碩壯無比而又穩穩當當地航行在水面上。傑克．威爾許尊重這些說法，但他希望GE公司更像一艘快艇，迅速而靈活，能夠在風口浪尖及時轉向。他希望日益龐大的GE能清除官僚主義積弊，保持小公司的靈活性。GE應該在它所進入的每一個行業裡都是數一數二的。

當時表面健康的GE其實有許多隱患，官僚主義是最突出的表現。

例如GE有太多沒什麼積極意義的會議。每年春天，公司管理層都要參加一個家用電器展評會。一大幫設計者和工程師帶著硬紙板和塑膠製作的模型趕來參加展評。他們向上級主管詢問其對未來的冰箱、暖爐以及洗碗機模型的意見。傑克．威爾許很清楚這些模型中有一些是做過塵處理、重新擦拭過了的，因為它們在幾年前的展會上就開始展出了。他還知道，公司的領導層（包括他自己）所提的那些意見根本就不會有什麼參考價值。這種例行公事的展評浪費了每個人的時間。

傑克·威爾許上任後，到處投擲手榴彈，力爭把那些阻礙公司前進的傳統和無聊會議統統廢除，愛爾梵協會是典型例子。

愛爾梵協會是GE公司的管理人員俱樂部，成為愛爾梵協會會員被認為是進入管理階層的「通行儀式」。傑克·威爾許對愛爾梵協會的所作所為沒什麼好感，因為這些人只不過是想在晚餐聚會的時候能夠被自己的上司或者上司的上司看上兩眼。如果有主管本地業務的GE副總裁要出席晚宴的話，整個宴會大廳就會人滿為患，熱鬧非凡，每個人都想在上司面前露露臉。如果來演講的人不是那麼位高權重，會場就會顯得有點冷清。

1981年秋天，傑克·威爾許作為新任CEO受愛爾梵協會邀請發表演講。人們認為這會是個不錯的聚會，新官上任，照例都是要講一些客套的場面話，因此有來自全美各地的數百名愛爾梵協會成員到場。

傑克·威爾許說：「非常感謝你們邀請我來這裡講話。今天晚上，我想對大家坦誠相告。首先我要告訴大家一個事實，並希望你們對此作一番深思。這個事實就是，我對你們這個組織存在的合理性持有嚴重的保留意見。我看不出你們現在做的這些事情有什麼價值，你們現在是一個等級分明的社交政治俱樂部。不過，我並不打算告訴你們應該怎麼做或者你們應該成為什麼樣子。愛爾梵協會未來應該扮演一個什麼樣的角色，這是你們自己的事情。怎樣做對你們自己、對GE才真正有意義，由你們自己決定。」傑克·威爾許結束演講的時候，底下是一片目瞪口呆的沉默。

一個月以後，愛爾梵協會的會長凱爾·內薩默給傑克·威爾許帶來了關於愛爾梵協會未來發展的新構想：「雷根總統正鼓勵人們多做些義務服務，以填補政府撤出某些社會領域所形成的空白，我們想把愛爾梵協會轉變成一個GE社區的志願者服務團體。」凱爾的遠見卓識讓傑克·威爾許激動不已。到2001年，包括已經退休的員工在內，愛爾梵協會已經擁有4萬2千多名成員。在任何一個設有GE的工廠或者分支機構的社區，都有愛爾梵會員們為社區做貢獻的身影。從修建公園、運動場、圖書館到為盲人修理答錄機，他們什麼都做。其中艾肯高級中學透過GE志願者的義務輔導，學校畢業生中被大學錄取的比率從最初的不到10％提高到了50％以上。

愛爾梵協會脫胎換骨般的自我更新成為傑克·威爾許推動GE變革的重要信心來源。

官僚主義的另一個例子是當時GE由2萬5千多名經理（其中130多人擁有副總裁或副總裁以上的頭銜）管理著，平均每人負責7個方面的工作。在公司等級體系中，從生產的工廠到CEO的辦公室之間隔了有12個之多的層級。有一次傑克·威爾許簽署一份撥款文件時，發現上面已經有16個人簽過字表示同意了，傑克·威爾許不明白自己多簽上一個名字究竟有什麼價值？最典型的例子：在麻薩諸塞州的飛機引擎製造廠，僅僅為了監督鍋爐操作他們就分出了4個管理層級！

傑克·威爾許認為，毛衣就像組織的層級，它們都是隔離層。當一個人外出並且穿了四件毛衣的時候，他就很難感覺到外面的天氣到底有多冷了（即公司不能感知外部環境的變化了）。傑克威爾許展開了大刀闊斧的改革。今天GE的規模比當時擴大了6倍，但GE只增加了大約25%的副總裁，而且管理人員數量比當時還有所減少，現在他們平均每人直接負責15項工作，而不是原來的7項。在大多數情況下，從生產車間到CEO之間只隔了6個管理層級。而且GE的CEO也不用對任何一份申請撥款的文件進行簽字了，因為企業的每一個領導者都擁有來自董事會的明確授權，他們完全可以在授權範圍內自主行使自己的權力，比如撥款。當各級經理知道一大堆的簽字責任不能再往自己的上級那裡推脫的時候，他們會以更加嚴肅認真的態度來評價有關專案。

GE官僚主義的另一個表現是「脫離現實」。傑克．威爾許認為，「我們必須讓一種態度滲透到公司每一個員工的頭腦裡。我們要創建一種環境，鼓勵人們按照事情的本來面目去看待事情，要按照事情自身的方式，而不是自己主觀願望的方式來處理事情。」對加州聖何西的核子反應爐業務的改造是傑克．威爾許「面對現實」的範例。

核電項目是GE公司在1960年上馬的三大風險項目之一。1979年，賓夕法尼亞州三哩島的核子反應爐事故把公眾中殘存的一點支持利用原子能的呼聲也徹底打消了。在聖何西工作的人們都是他們那個時代優秀的精英，他們期待著能用自己的智慧改變人們的生活和工作方式，改變這個世界。1981年春天，傑克．威爾許參觀了這個身價幾十億美元的業務部門。領導班底向他展示了一個頗為樂觀的計畫，預計每年能得到三份核子反應爐的新訂單，這與1970年實現的良好銷售紀錄一致，他們根本沒有把三哩島核事故的影響當回事。

他們對現實的反應令傑克．威爾許感到荒唐，他們在過去的兩年裡已經連一份新訂單都接不到了，而且1980年還出現了1300萬美元的虧損。傑克．威爾許說道：「各位，你們不要指望一年能得到三份訂單，依我看來，在美國，哪怕是一份訂單你們也不會得到了。如果只是依靠向現有的核電站出售核燃料和提供核能技術服務，公司業務如何支撐下去？你們考慮一下，拿出一個方案來。」

1981年的春天和夏天，傑克．威爾許和聖何西的領導團隊有很多次非常激烈的交鋒，他們請求將反應爐的訂單改為兩份或者一份來取代原來的三份。傑克．威爾許毫不退讓，堅決要求訂單數是零，必須按照未來的業務發展全部依靠核燃料和技術服務的設想來制訂新計畫。

到1981年秋天，聖何西的領導團隊終於制訂出了新的經營計畫。他們將反應爐業務部門的員工從1980年的2410名減少到了1985年的160名。他們將絕大部分建設反應爐的基礎設施都拆掉，把力量集中到對先進反應爐的研究上，以備將來有一天世界對核能利用的態度可能會發生轉變。他們的技術服務業務開拓得非常成功，1983年整個核能部門的淨收入增長到1.16億美元。

在傑克．威爾許與核能部門第一次會談之後的將近20年裡，他們只接到了4份訂單，全都是訂購技術上更先進的反應爐，而且沒有一份是來自美國。傑克．威爾許終於抓住了這樣一個機會，從那些並不是威爾許門徒的人當中打造出了一群英雄，這是一個重大的轉捩點。它向人們傳達了一個強烈的訊息：為了在新的*GE*公司中獲得成功，你不必刻意把自己改造成一個什麼特定的類型。不管你是什麼長相，什麼個性，你都可以成為GE的英雄。你需要去做的只有一點，就是面對現實並採取相應的行動。

只要有機會，傑克·威爾許就把核能業務部門和愛爾梵協會的成功改革故事一遍又一遍地向每一個GE的聽眾講述，他用這些故事向人們清楚地展示了他所希望的GE「感覺起來」究竟是個什麼樣子。漸漸的，人們聽得進去了，也理解了。

「數一數二」戰略，淘汰弱勢業務

傑克·威爾許的戰略非常簡單明瞭：一項業務必須做到「數一數二」，否則就「整頓，出售，或者關閉」。傑克·威爾許對「數一數二」戰略的詮釋是：「當你是市場中的第四或第五的時候，老大打一個噴嚏，你就會染上肺炎。當你是老大的時候，你就能掌握自己的命運，你後面的公司在困難時期將不得不兼併重組。」

1981年，通用電氣旗下僅有照明、發動機和電力3個事業部在市場上保持領先地位。2001年，傑克·威爾許退休時，通用電氣已有12個事業部在各自的市場上數一數二，如果它們能單獨排名的話，那麼，通用電氣至少有9個事業部能進入500強企業之列。這是傑克·威爾許推行「數一數二」戰略的輝煌成果。在他執掌*GE*的20年時間裡，共完成993次兼併（例如花63億美元現金購買*RCA*美國無線電公司），使公司銷售額從250億美元攀升到1110億美元。

1981年，傑克·威爾許上任後，開始不斷向投資者和屬下宣傳他的「數一數二」經營戰略。他認為，未來商戰的贏家將是這樣一些公司：「能夠洞察到那些真正有前途的行業並加入其中，並且堅持要在自己進入的每一個行業裡做到數一數二的位置——無論是在精幹、高效，還是成本控制、全球化經營等方面都是數一數二……80年代的這些公司和管理者如果不這麼做，不管是出於什麼原因——傳統、情感或者自身的管理缺陷——在1990年將不會出現在人們面前。」

「數一數二」戰略開始的時候並不能為人們理解。在20世紀80年代，只要企業有贏利就足夠了。至於對業務方向進行調整，把那些利潤低、成長緩慢的業務放棄，轉入高利潤、高成長的全球性行業，這在當時根本不是人們優先考慮的事情。當時無論是資產規模還是股票市值，GE都是美國排名第10的大公司，它是美國人心目中的偶像。整個公司內外沒有一個人能感覺到危機的到來。但其實當時美國的市場正被日本一個一個地蠶食掉：收音機、照相機、電視機、鋼鐵、輪船以及汽車。GE的很多製造業務的利潤已經開始減少。而且1980年美國的經濟處於衰退狀態，通貨膨脹嚴重，石油價格是每桶30美元，有人甚至預測油價會漲到每桶100美元。這對GE是個衝擊。

傑克·威爾許每到一個地方都要反覆宣講「數一數二」的要求，一遍又一遍。經過討論，大多數人在理智上同意了這個戰略。但付諸實施的時候，各種感情上的原因卻使得GE的行動面臨重重困難。那些業務在各自行業中並不處於領先位置部門的員工感覺到了極大的壓力。他們必須盡快採取措施改善業務的經營狀況，否則新任CEO就可能把他們給賣掉。

遠景目標很簡單，但要想把它灌輸給GE的全部42個戰略經營單位卻極不容易。1983年1月份，傑克·威爾許在一次雞尾酒會的餐巾上找到了溝通的方法。為了向妻子卡洛琳解釋GE公司的遠景，傑克·威爾許掏出筆在墊酒杯用的餐巾上面畫了三個圓圈，分別代表GE的三大類業務，即核心生產、技術以及服務。圓圈裡列著具體的業務種類，比如，照明、大型家用電器、引擎、渦輪、運輸以及建築設備被放到了核心業務圈裡。傑克．威爾許告訴妻子，所有沒包括在這三個圈裡的業務都要整頓、出售或者關閉。這些業務要嘛是處於行業邊緣，經營業績不好，要嘛是市場前景黯淡，或者是根本不具備什麼戰略價值。

這種簡潔明瞭而又實用的圖表後來被傑克．威爾許到處用來闡述和推進「數一數二」的遠景目標。身處「整頓、出售或者關閉」範圍的業務部門的員工感到惱怒，覺得自己被出賣了。工會的領導人和市政府的官員也在抱怨，人們的反應之激烈有點出乎傑克．威爾許的預料，但這沒有動搖他的決心。

在最初的兩年裡，GE出售了71項業務和生產線，回籠了5億多美元的資金。尤其是中央空調業務的出售，在員工中引起了非常大的心理震撼。因為空調業務部是基地設在路易斯維爾的大家電業務部的一個分部，恰好位於GE公司的中心地帶。

中央空調業務部門的市場佔有率只有10％，這樣的市場佔有率無法做到由自己掌握命運。GE品牌的空調產品賣給地方上的分銷商後，他們帶著錘子和螺絲起子「叮叮噹噹」地把空調器給用戶安裝上，然後他們就開著車一溜煙地回去了。用戶們則把自己對分銷商服務的不滿都記到了GE的帳上，他們經常投訴GE。而市場佔有率大的競爭對手能夠獲得好的分銷管道以及獨立的承包商。對GE來說，空調是一項有缺陷的業務。

出售交易完成一個月之後，傑克．威爾許給原來空調業務的總經理斯坦．高斯基打了個電話，他隨同業務轉讓一起去了特蘭尼公司。斯坦說道：「傑克，我喜歡這兒。每天我早晨起來到公司上班，看到我的老闆一整天都在考慮空調的問題。他喜歡空調，他認為空調非常了不起。而我每次和你通電話的時候，我們總是談用戶的投訴，或者是業務的贏利問題。你不喜歡空調，我知道。傑克，現在我們都是贏家，我們都能體會到這一點。在GE，我是個孤兒。」

這次通話讓傑克．威爾許進一步認知到：把GE的弱勢業務轉給外邊的優勢企業，兩者合併在一起，這對任何人都是一個雙贏的結局。特蘭尼在空調行業中佔據領先位置，合併後，原GE空調部門的人員一下子成了贏家中的一員。面對各種反對意見的狂轟濫炸，斯坦的話堅定了傑克．威爾許的決心，無論如何，他都要把「數一數二」戰略堅決實施下去。

傑克．威爾許將出售空調業務獲得的1.35億美元資金來幫助重組其他業務，這體現了傑克．威爾許建立的另一項基本原則。他絕不把出售獲得的收益計入淨收入，相反的，他總是把得到的資金用來提高公司重點發展業務的競爭力。

傑克．威爾許喜歡把對這種現金的運用比作修補一所房子。當你沒錢修補天花板的時候，你只能在下面放一個水桶，把從房頂滲進來的水接到桶裡。等到你有錢了，你就應該把屋頂翻修一下，把漏縫堵上。GE從業務出售中獲得的這筆錢就是這麼花的。出售資金要能切實加強GE的其他業務，為公司的長遠發展作打算。

傑克．威爾許的另一個大動作是出售家電業務。GE家用電器部門的蒸汽熨斗、電烤箱、吹風機以及攪拌器都不屬於公司所需要的「重大技術」類型，面對來自亞洲的低價進口產品，GE生產的高成本家用電器嚴重缺乏競爭力。因此威爾許把這項業務劃到他的三個圓圈之外。傑克．威爾許認為，出售這項業務是一個不需要多高智慧就能得出的結論，將它賣掉之後GE不會失去任何東西，而且還能獲得一筆資金在別的領域實施公司的「數一數二」戰略。

於是傑克．威爾許和布萊克—戴科公司展開了秘密談判。儘管很細心謹慎，這項交易還是被透露了出去，在公司引起了巨大爭論。管理層中的保守派認為，在那些家用電器上打上GE的標識為公司帶來了很大的好處。但市場調查的結果並不支持這個觀點。

普通員工則接連不斷地發來憤怒信件。傑克．威爾許說，如果當時有電子郵件的話，估計GE的每個伺服器都得阻塞。信件裡差不多都是這些話：「不做電熨斗和烤箱，我們還是GE嗎？」或者：「你究竟是個什麼人？如果你連這種事情都做得出來，你還有什麼事不敢幹！」但傑克．威爾許不為所動。在5年的時間裡，大約四分之一的員工離開了GE，總數達11萬8千人。由於公司的財務狀況良好，GE善待了必須辭退的員工，如將被解雇員工的人壽和醫療保險延長一年，並在工廠關閉之前為工人們安排了其他的工作，還有一部分老員工在年老後可以領取GE的養老金。

傑克．威爾許的數一數二戰略不只是賣掉弱勢業務和增強重點業務，他還力排眾議打造數一數二的辦公環境。威爾許在公司總部修建了健身中心、賓館和會議中心，並且將GE在克羅頓維爾的管理發展中心的硬體環境升級。

這些行動的投入資金大約為7500萬美元，與同期公司花在建造和購置設備上的120億美元相比，只能算是零花錢。但很多GE的員工難以接受傑克·威爾許的這些舉動，他們不停地問傑克·威爾許：「你關閉工廠，辭退員工，與此同時卻在腳踏車、臥房和會議中心上大把花錢，對此你怎麼解釋？」

傑克·威爾許對他們說：「既要馬兒跑，又要馬兒不吃草的好事是沒有的。優秀的人才不應該在一所破舊的發展中心裡待上4個星期，不應該在煤渣磚砌成的房子裡接受培訓。公司的客人來到我們總部，不應該去住三流的汽車旅館。而健身房既能為大家提供一個聚會的場所，又能使人們健康。健身房可以把不同部門、不同級別、不同職能的人，不管高矮胖瘦，都聚在一起。投資100萬美元建這樣一個輕鬆隨意的聚會場所是值得的。我們應該讓那些來到GE總部的員工和公司的客人都能感覺到，他們為之工作和與之打交道的是一家世界水準的大公司。」

要改革先換將

傑克．威爾許說：「我可以天天講要面對現實，要在每一項業務上『數一數二』，或者要建立創新型組織，講得自己口乾舌燥，嗓子冒煙。但是，只有真正找到了我們自己的千里馬，公司的改革才能真正上軌道。」

傑克．威爾許的改革之所以成功，很大一個原因是他在所有的關鍵職位上都安排了合適的人才。這方面最好的例子應當是1984年3月任命鄧尼斯．戴默曼擔任首席財務長。

當改革進行到財務部門時，*CFO*（首席財務長）湯姆．索爾森總不肯觸動自己這塊神聖的禁地。傑克．威爾許只能選擇換人，因為財務部非改革不可。當時財務部門擁有1萬2千名員工，僅一項經營分析就耗資約7000萬美元，他們提供了大量毫無用處的報告。

原本職位不高的鄧尼斯．戴默曼接任*CFO*的任命公開後，在公司裡掀起了一場軒然大波，財務系統也受到了實實在在的震撼。這正是傑克．威爾許期望達到的效果，出人意料的任命透露出強烈的改革訊息。

機敏勇敢、毫無官僚氣息的鄧尼斯．戴默曼沒有讓傑克．威爾許失望。在他擔任財務總監的前4年裡，他把財務部門的職員砍掉了一半，把GE在美國的150個薪資支付系統進行了合併。他還改革了財務管理制度，過去財務體系所處理的事情當中近90%都是單純的財務記錄，只有10%是一般性管理，4年後則能做到近一半的內容是放在管理和領導上面。

在法律部門也有一個同樣的成功故事。那時GE的法律部門碌碌無為，如果公司遇到了什麼問題，律師們能做的就是打個電話請外部顧問介入，公司自己的法律部門在後面提供支援服務。

傑克·威爾許在整個律師部門都找不到所需要的能夠推動改革的內部人選，於是他從公司外部尋找人才。最後他找到班·海涅曼，班·海涅曼提醒他說：「別忘了，我是個憲法律師。我不是公司法的律師。我不是那種紐約律師。」「我不在乎這個。」傑克·威爾許說，「你可以雇用優秀的律師。這正是我想讓你去做的。」班·海涅曼找到大量頂尖人才，使他的機構脫胎換骨。如今，GE擁有世界上最好的法律公司。

傑克·威爾許不僅透過提拔內外部優秀人才來煥發公司活力，他設計的考核制度也富於激勵效果。

每年，傑克·威爾許都要求GE的每一家下屬公司為他們所有的高層管理人員分類排序，每個公司的領導者必須區分出：在他們的組織中，他們認為哪些人是屬於最好的20%(A類)，哪些人是屬於中間的70%(B類)，哪些人是屬於最差的10%(C類)。C類員工通常都必須走人。所有人都必須努力工作，以爭取留在最好的一群人當中。年復一年，「區別」使得門檻越來越高並提升了整個組織的層次。

A類員工標準：他們滿懷熱情、思想開闊、富有遠見，能帶動自己周圍的人投入工作。他們能提高企業的生產效率，同時還使企業經營充滿情趣。

A類員工具備威爾許所說的「GE領導能力的四個E和一個P」：有很強的精力(energy)；能夠激勵(energize)別人實現共同的目標；有決斷力(edge)，能夠對是與非的問題做出堅決的回答和處理；能堅持不懈地進行實施(execute)並實現他們的承諾；他們還富於熱情(passion)，這一點是區分A類和B類員工的主要因素。C類員工是指那些不能勝任自己工作的人。他們更多地是打擊別人，而不是激勵；是使目標落空，而不是使目標實現。

GE每一個員工所得獎勵的基本依據就是自己在區分中的位置。A類員工得到的獎勵是B類的兩到三倍。對B類員工，每年也要確認他們的貢獻，並提高薪資。至於C類，則什麼獎勵也得不到。

威爾許說：「失去A類員工是一種罪過。一定要熱愛他們，擁抱他們，親吻他們，不要失去他們！」每一次評比之後，GE都會給予A類員工大量的股票期權。每一次失去A類員工之後，公司都要開會做事後檢討，並追究造成這個損失的管理人員責任。這些做法很有效，每年GE失去的A類員工不到1％。

將員工按照2：7：1的比例區分出來逼迫著管理者不得不做出果斷的決定。經理們如果不能對員工進行區分，那麼很快，他們就會發現自己被劃進了C類。

處理底部的10％是最艱難的。新上任的經理第一次確定最差的員工，沒什麼太大的麻煩。第二年，事情就困難得多了。到了第三年，那些明顯最差的員工已經離開了團隊，很多經理就不願把任何人放到C類裡去。他們已經喜歡上了團隊裡的每一個人，經常連一個差員工都確定不出來。他們以很多方式來抵制，有的經理把那些當年就要退休或者其他已經被告知要離開公司的人放進來，有的甚至把那些已經離職的人列在最差員工的名單裡。

威爾許一直面臨著激烈的反對，甚至是來自最優秀員工的反對，但他堅定不移。如果一個下屬企業的領導人把分紅或股票期權分配方案的推薦意見上交給威爾許，卻沒有區分出底部最差的10％，威爾許總是把這些意見退回去，直到他們真正進行了區分。威爾許的另一個好辦法是換一位新的經理，由於對原來的團隊沒有感情上的依戀，他或她在確定最差的員工方面就不會有什麼困難。

威爾許否認這是殘酷或者野蠻的行徑。因為讓一個人待在一個他不能成長和進步的環境裡才是真正的野蠻行徑或者「假慈悲」。先讓一個人等著，什麼也不說，直到最後出了事，實在不行了，不得不說了，這時候才告訴人家：「你走吧，這地方不適合你。」而此時他的選擇機會已經很有限了，而且還要供養孩子上學，還要支付高額的住房貸款。這才是真正的殘酷。上學的時候學生們有成績區分，工作的時候員工們有績效區分，這沒有本質上的不同。

威爾許對績效考核是極其嚴肅的。美國國家廣播公司NBC的總裁安迪．萊克說：「傑克和我已經是8年的老朋友了，我們的妻子幾乎天天見面。但如果我開始走下坡路，做了4個令人難以置信的愚蠢決定，我知道他一定會炒我的魷魚。他會擁抱我，說他很難過，『你可能再也不想與我共進晚餐了。』但是，他對解雇我絕不會有半點猶豫。」

每一天，每一年，威爾許總覺得花在他人身上的時間不夠，對他來說，「人就是一切」。他總是不斷提醒GE各個層級的主管：必須分享他對他人的熱情。他們作為各部門或分公司的領導者，必須把同樣的活力、獻身精神和責任心傳遞給員工們，傳遞給那些遠離傑克·威爾許的人們。他希望GE的所有員工都向A類標準靠近。

群策群力和「無邊界」管理

威爾許經常把公司比喻成一幢樓房。樓層好比組織的層級，房屋的牆壁則如同公司各職能部門之間的障礙。公司為了獲得最佳的經營效果，就必須將這些樓層和牆壁拆除，以便創造各種想法都可自由流動的開放空間。

威爾許「群策群力」和「無邊界」的管理思想源於克羅頓維爾管理學院的成功實踐。每年GE在克羅頓維爾開設三期最高級的管理課程，從1984年開始，每一次課程開班威爾許都要去與學員們見面。儘管威爾許的確是這些學員的老闆，但他很少能夠影響或者說根本影響不了他們個人的職位升遷——特別是對於那些較低級別的培訓班學員，因此人們在這裡感到說話很自由，這種公開而廣泛的直接交流讓威爾許受益匪淺。威爾許從不發表演講，他希望每一個人都能給他回饋和挑戰。

在克羅頓維爾的收穫使威爾許決心在GE推行「群策群力」計畫，他要讓所有的子公司都創造出這種自由溝通的氛圍。他不能讓公司的領導者組織這些交流會，因為他們認識自己的這些員工，人們很難敞開自己的心扉自由交談。威爾許想出的辦法是聘請外面受過訓練的專業人員來提供幫助。這些人員多數是大學教授，他們聽員工們的談話不會別有所圖，員工們與這些人交談會感到放心。

在「群策群力」座談會上，有大約40到100名員工被邀請參加，他們可以自由地談論對公司的看法，討論他們看到的一些官僚行為，特別是在申請批覆、報告、開會和檢查中遇到的一些不愉快的事情。意見整理彙總之後，經理進入會場，他們必須對至少75％的問題給予是或不是的明確回答。如果有的問題不能當場回答，那麼對該問題的處理也要在約定好的時限內完成。由於員工們看到自己的問題能夠迅速地得以解決，這對消除官僚主義產生了巨大的推動作用。

威爾許希望每個公司能夠進行數百次的「群策群力」，這是個工作量巨大的計畫。1990年4月，威爾許在家電業務部門參加的一次「群策群力」會議讓他終身難忘。

當時參加會議的員工有30人。一個工會工人認為可以對電冰箱門的生產工藝進行改進，並說明自己的方法。突然，車間主任跳起來打斷了他的講話：「你說的狗屁不通。」他抓起了一支筆，開始在會議室前面的寫字板上寫了起來。一會兒工夫，他已經「喧賓奪主」地提出了答案。很快，他的解決方案被接受了。

看到兩位工人為改進生產工藝進行爭論，這讓威爾許興奮不已，這表明他們很認真很投入。類似的故事還有千百個，到1992年年中的時候，已經有大約20萬名GE員工參加過「群策群力」會議。一位家用電器工人很貼切地總結了這一計畫的意義：「25年來，你們為我的雙手支付薪資，而實際上，你們本來還可以擁有我的大腦——而且還不用支付任何工錢。」

「群策群力」計畫再次證實了威爾許很久以來的一個認知：距離工作最近的人最了解工作。「群策群力」計畫幫助GE創建起了一種新的文化：在這種文化裡，每一個人都能發揮自己的作用，每個人的想法都受到重視；在這種文化裡，企業經理人是在「領導」而不是「控制」公司，他們提供的是教練式的指導，而不是牧師般的說教。後來GE公司發生的幾乎每一件好的事情，不管是計畫、行動，還是方針、政策，追根溯源，都與解放某些下屬企業、某些團隊或者某個人的思想有關。「群策群力」計畫取得了巨大的成功。

威爾許試圖用某個詞來概括這一切，這個詞能概括整個公司，並能把思想提升到另一個層次，讓每一個人都能分享。最終佔據他頭腦的是「無邊界」這個詞。

在隨後的業務經理會議上，威爾許對經理們說：「無邊界這一理念將把GE與20世紀90年代其他世界性的大公司區別開來。」無邊界公司應該將各個職能部門之間的障礙全部消除，工程、生產、行銷以及其他部門之間能夠自由流通，完全透明。無邊界公司還將把外部的圍牆推倒，讓供應商和用戶成為一個單一過程的組成部分，它還要推倒那些不易看見的種族和性別藩籬。

無邊界公司將不再僅僅獎勵千里馬，它還要獎勵那些甄別、發現、發展和完善了好主意的伯樂。其結果是鼓勵公司的各級領導與他們的團隊一起分享榮譽，而不是獨佔，這將大大改善人與人之間的關係。無邊界公司還將向其他公司的好經驗、好主意敞開大門，例如從日本學習彈性生產，「每天發現一個更好的辦法」這個口號出現在世界各地的GE工廠和辦公室的牆上。「群策群力」計畫使GE建立起學習型的文化，無邊界理念則使GE的這一文化更進一步。到1990年，GE的各個子公司之間已經開始分享一些成果。威爾許在每一次會議上都大聲疾呼著「無邊界」，使它成為公司日常生活的一部分。1991年，GE開始對經理們的無邊界行為進行評級打分，他們每一位都被給予高、中、低三個等級的評價。如果一個人獲得低級評價，那麼他或她就要盡快改變自己了，否則就得離開這個崗位或者公司（哪怕他的業績很好）。經過大力推廣，人們開始習慣於用它輕鬆地揶揄某個不肯與他人分享自己想法的員工，或者是用它批評某個不願意把自己手下表現優秀的人調到公司其他部門工作的經理。

威爾許在自傳中特別提到了一次無邊界溝通，學員們完善了他的「數一數二」戰略。在將近15年裡，威爾許一直不斷地強調在每一個市場上佔據「數一數二」位置的必要性。那一次，克羅頓維爾的一個學習班的學員卻告訴他，他的基本理念阻礙了GE的進步。他們認為，GE需要對現行產品市場全部重新定義，從而使得沒有一家下屬公司的市場佔有率超過10％，這將迫使每一個人以全新的態度看待他們的企業。威爾許告訴這些學員：「我喜歡你們的想法！」而且他也喜歡學員們把自己的想法展現在CEO面前時流露出的那份自信，這才是最好的無邊界行為。

在高級管理年度會議上，威爾許把學員們的思想融進了自己的總結發言中。他要求每一個公司都要重新定義他們的市場範圍，提出一到兩頁的「嶄新思考」，並在第二次業務計畫回顧會議上把它們提交上來。1981年，GE提出的市場定義範圍是1150億美元；重新思考後，GE進入的市場定義範圍是1兆美元。重新定義市場的行動打開了公司的眼界。

例如，電力系統公司過去把它的業務主要看作是供應備用設備以及利用GE的技術進行修理，它們在價值27億美元的市場中佔據了63%的佔有率。重新定義市場後，把整個的發電廠維修都包括進來，那麼電力系統公司在170億美元的市場中只佔據了10%的佔有率。如果繼續把市場定義的範圍擴大，把燃料、動力、存貨、資產管理以及金融服務都包括進來，那麼，市場的潛在價值就有1700億美元之巨，GE在其中擁有的佔有率僅僅是1%到5%。

在此後的5年中，GE的主營業務增長速度增加了一倍，儘管業務種類沒有增加，但都注入了新的活力。公司的營業收入從1995年的700億美元增長到了2000年的1300億美元，營業利潤率從1992年的11.5%增長到了2000年創紀錄的18.9%。這一新的思維方式無疑發揮了極其重要的作用。

無邊界的理念幫助GE公司很多平凡的人做出了不平凡的事業。

讓電子商務成為公司DNA

許多年來，威爾許的妻子一直透過網路和朋友們聯繫。晚上，在威爾許研究文件加班工作的時候，她總是坐在對面，打開電腦，不停地打字。每當她試圖說服威爾許也用電腦時，他總是拒絕，因為他認為自己不會打字，用電腦不值得。「傑克，」妻子反對說，「連猴子都能學會打字。」

1999年4月，威爾許和妻子在墨西哥的一個度假勝地慶祝10週年結婚紀念日。她又全神貫注地擺弄她的筆記型電腦。有一天下午，她告訴威爾許網上的人們在談論*GE*一支隻股票分割的可能性，以及他的接班人計畫。威爾許被人們對公司的一些說法迷住了。

妻子讓威爾許寫了幾封電子郵件，又讓他流覽了幾個網站。威爾許一邊繼續度假，一邊產生了上網查看新聞以及人們對*GE*的最新評論的急迫念頭。威爾許終於意識到了這項新技術能對*GE*產生什麼樣的影響。有些持懷疑態度的人認為*GE*已經不可能再提高效率了，他們常問威爾許，在*GE*這個檸檬裡還可不可以榨出汁來。威爾許認為電子商務給了*GE*一個全新的檸檬。

*GE*相對於傳統公司已經有明顯優勢，威爾許畫了一張圖，羅列了資訊化後的*GE*相對於電子網

路公司的優勢。GE不需要提高廣告費用，公司已經建立了品牌；GE不需要設立兌現承諾的機構或建設庫房來運送貨物，六西格瑪已經提高了公司的運作效率。透過電子商務，GE還可以擴大市場，找到新的客戶，GE的供貨基地也可以變得更加全球化。總之，GE這個「舊經濟」型公司插上新經濟的翅膀後，面對「新經濟」模式有相當的優勢。

威爾許具體分析了網際網路帶來的三個機會。

一是採購。每年GE採購的商品和服務達到500億美元，將其中的一部分業務轉向網上招標後，公司接觸到了更多的供應商，有了更多的選擇。新供應商會帶來一些新的成本——品質驗證成本、各種稅費、運費和其他費用。但是，2000年GE在網上招標中的60億美元採購業務仍然節省了數億美元。因此2001年GE在網上採購的數額進一步擴大，達到了140億美元。

二是製造。像GE這樣的大公司都有一些「粗活」，比如在巨大的車間工作，生產成堆的紙張。數位化操作可以免去大量的此類粗活以及其他單調乏味的工作，從而提高許多公司的工作品質。2001年，即使投入了6億美元的專案實施成本之後，GE透過數位化製造仍節約了10億美元。

三是銷售。有了網際網路，GE可以更快地兌現承諾，新舊客戶無須多次打電話確認就可以收到所訂貨物的發運資訊。GE的發貨人從此不再需要欺瞞客戶說貨物已經上路了。在結合六西格瑪的情況下，網際網路能夠幫助GE為客戶提供更好的服務。

有一天，威爾許有個朋友告訴他：「我有個23歲的夥計，每星期都要花三、四個小時教我如何使用網際網路——那是我的顧問！」這給了威爾許在GE普及電子商務的靈感。威爾許立即要求GE最高職位的50名領導人去請網際網路顧問，最好是30歲以內的。

威爾許自己請了兩個顧問。他的正式顧問是在GE的公共關係部工作的帕姆·威克姆，她在建立GE的第一個塑膠網站中發揮了關鍵作用。威爾許的助手羅莎娜則是他日常工作中的「救星」。每次威爾許卡在哪兒了，就會衝著門外喊：「羅，快來救命！」她就馬上進來幫助威爾許脫離由於想超水準發揮而陷入的困境。

1999年6月，威爾許在GE單獨建立的一個網站上發出了公司內部的第一封電子郵件。短短兩天內，他收到了將近6000封回覆。世界各地的每一個公司的員工，透過電子郵件告訴威爾許他們的想法、印象、反應、抱怨、擔憂和興奮。每個人都「入局」了。2000年初，威爾許將網路顧問計畫擴大到公司內的三千名上層經理，威爾許說：「這是將公司弄個『底朝天』的好辦法。」

推廣電子商務後，威爾許認為1999年塑膠業務的網上銷售收入能夠達到5億美元，結果是10億美元，這超出了所有人的預期。表現出色的並非只有塑膠業務，2000年，整個GE公司的線上銷售收入為70億美元。雖然這些收入的大部分來自上了網的原有客戶，但GE從現有客戶中獲得了更多的利潤，而且公司還贏得了新的客戶。

網路高峰期，GE也做過蠢事，那就是急於建立網站。例如公司的電器業務部門開發了一個娛樂性的網站，叫做「攪拌湯勺」。網站弄得很好：有食譜、討論欄、優惠券下載、購物忠告，總之，廚師所需要的應有盡有。但問題是，這個網站根本不賣電器。這是一個看起來十分漂亮但在經濟上從來沒有理由存在的網站。GE從中得到的教訓是：如果不能將網頁——無論是直接的商品還是間接的更優質服務變成錢，那麼就不應當建立。

GE在發展電子商務的過程中產生了許多新的經商方法：塑膠公司將電子探測器安裝在主要客戶的倉庫裡，當原材料存儲量下降時，電子探測器會自動向GE的庫房發出警告，透過網際網路發出新的添貨訂單；GE金融服務集團用網路來監測貸款客戶收入報表的日常現金流動情況，如果有客戶可能出現資金短缺情況，公司就會立刻知道，從而減少了潛在的虧損危險；每週五，高級管理層的所有人都能夠共用GE最大的22個企業在採購、銷售和製造方面的資料，這些資料非常直接地展示了進步與差距，能夠激勵每一個人更加勤奮地工作。

思科的CEO約翰．錢伯斯也教了GE一招。此前人們還是依賴紙張文件，而不去真正地運用數位化方式來提高生產力，錢伯斯勸告他們關閉網上、網下工作流程並舉的「雙軌」通道。在錢伯斯演講後幾個月的時間裡，有150名以上的GE經理去效仿思科的數位化工作流程。不久以後，GE就搬走了印表機，將影印機聯了網，又將所有的出差和費用報告、獎勵資訊和內部財務報告都放在了網上。

GE做了一次計算，工作流程的數位化能夠大大節省開支，可達100億美元之多，也就是公司行政費用總額的30％。在數位化方面，威爾許發現了削減經費的方法。以銷售為例，如今，銷售人員與客戶見面的時間從原來的30％提高到35％。銷售人員在行政管理、催促交貨、為應收款爭執、尋找遲滯貨物等方面花費的時間太多了。讓網際網路來做這些事情效率會更高。

如今電子商務已成為公司DNA的一部分，其原因是人們最終意識到它是GE再造、變革的途徑。

第9章 聯邦快遞公司

雷德·史密斯(Fred Smith)

速度贏得效率

弗雷德·史密斯是一個善於捕捉機會的人，對任何事情都有敏銳的洞察力。聯邦快遞公司的噴射機被打扮得色彩鮮豔，滿載著急件貨物穿梭在各地之間，這是歷史上最古老而變化最多的行業之一——運輸業。威爾斯·法戈公司的亨利·威爾斯利用了19世紀中葉新運輸工具出現的機會，首創了他橫貫大陸的快遞系統。亨利·福特看到許多人渴望在郊區居住的苗頭，於是推出價格低廉的汽車。史密斯和他們一樣，看出新技術、人口移動以及由此所形成的需要所提供的機會，正因如此，他才能取得成功。聯邦快遞公司的成功經歷啟示我們，許多最優秀的企業家的特點不僅僅是具有冒險精神，還在於他們能夠判斷、控制或降低風險。

1971年，弗雷德·史密斯懷著勃勃雄心創立了聯邦快遞公司。2004年，聯邦快遞的營業額已經達到224.87億美元，在《財富》雜誌全球500強中排名第221位。2001年「9·11」事件之後，美國在全國範圍內實行禁空令，但是聯邦快遞公司卻在12小時之內租用800輛卡車，繼續展開快遞業務，結果大部分貨物的交貨時間僅比約定時間晚一天。一流的執行力是聯邦快遞的成功秘訣。

不計代價，使命必達

弗雷德・史密斯給聯邦快遞設立的口號是「不計代價，使命必達」，就是無論面臨怎樣的困難，都要想盡一切辦法，排除萬難，不計代價地完成任務。因為聯邦快遞人運送的不僅僅是包裹，更運送著對顧客的承諾。弗雷德·史密斯說：「貨物本身對寄件者和收件者而言是極具時間價值的，他們願意為節省時間付出額外費用。我們說服客戶把貨物交給我們，就必須做到使命必達，並保證貨物在運抵前絕不會離開我們的手。」我們來看聯邦快遞發展史上的一個經典故事。

一天下午，聯邦快遞印第安那州分公司的包裹追蹤員黛比接到了一位小姐的電話。

「我想知道我的結婚禮服在哪兒，」一位自稱是琳達的小姐傷心地說，「昨天它在佛羅里達州，今天中午你們就應該把它送到我的手中。可是現在還沒有送到，都下午3點了。我不知道聯邦快遞是做什麼的，我只知道明天我就要結婚了。我們的城鎮比較小，我的婚禮是鎮上的一件大事，更是我一生中的大事，你能幫我嗎？」

放下電話，黛比立刻利用公司的追蹤系統查找，逐一給取送站打電話，詢問是否有錯放的包裹。終於，第六個電話打通後，她找到了那個包裹，它在300公里之外的底特律。

在黛比看來，公司既然承諾了，就必須在當天下午把包裹送到琳達小姐手中。當時，底特律及其附近所有的運輸機都在運貨途中，無法調借。於是，黛比租用了塞斯納公司的一架飛機和一名飛行員，把包裹空運到琳達所在的印第安那州的小鎮。

租專機和飛行員運送一個包裹，黛比真是敢想敢做！但黛比清楚送達這個包裹，對琳達意味著什麼，而且這也完全符合聯邦快遞「使命必達」的服務理念，客戶遇到問題，公司一定要盡力解決，雖然當時公司處於艱難的境地，但為了兌現對客戶的承諾，仍可以不計代價。

週五傍晚，飛機的轟鳴聲響起，塞斯納公司的一架飛機降落在印第安那州一個小鎮的草坪上。不明就裡的村民擁過來，七嘴八舌地議論著這位「不速之客」。這時，身穿紫色制服的黛比走下機來，手中拎著帶有聯邦快遞標誌的郵包，高聲詢問琳達小姐是否在人群中。琳達小姐驚訝地說道：「天哪，莫非你就是來給我送結婚禮服的？」黛比笑著點頭，把包裹遞到她的手中。直到飛機離開，琳達小姐一直在驚嘆：「上帝啊，他們竟然坐飛機專程給我送禮服！」

黛比租飛機運送包裹的事情還沒有結束。兩天以後，琳達小姐打來電話對黛比表示衷心的感謝，她不厭其煩地向黛比描述婚禮的盛況以及接到結婚禮服時的驚愕。最後，她說道：「我很高興你提供的服務，但是，高興的同時也有壞消息。」

聽到「壞消息」三字，黛比心裡一緊。「我的婚禮都被這件事破壞了。」琳達小姐繼續說道，「在婚禮聚會上，我把坐飛機專程送結婚禮服的故事告訴了幾位朋友，沒想到這個故事立刻就傳開了。大家都在紛紛議論這家荒唐的公司如何用專機運送每件包裹，以至於把我這個新娘子都給忽略了。」說到這兒，她禁不住笑了起來。

放下電話，黛比感到很高興，為自己幫助顧客解決了困難，為自己做到了「使命必達」。然而，讓她更高興的事還在後頭。兩週之後，小鎮上的RCA工廠開始使用聯邦快遞的服務，每天都有20件包裹需要郵遞。原來，RCA工廠的幾位主管也參加了琳達的婚禮，聽到了這個故事後，其中一位主管直截了當地告訴他們的運輸經理，不妨試用一下聯邦快遞公司的服務。這位運輸經理照做了，他們對聯邦快遞的服務也感到滿意，此後，RCA工廠開始經常使用聯邦快遞的服務。

企業經營要想成功，市場策略與執行力缺一不可。許多企業雖有好的策略，卻因缺少執行力，最終導致失敗。市場競爭日益激烈，在大多數情況下，企業與競爭對手的策略相似，主要差別就在於雙方的執行能力。如果對手在執行方面做得更好，那麼它就會在各方面領先。有調查顯示：成功的企業，20％靠策略，60％靠企業管理層與普通員工的執行力，其餘是一些運氣因素等。弗雷德・史密斯創辦的聯邦快遞公司正是企業執行力的典範。

奮力不懈的領導信念

美國《孟菲斯商報》一篇題為〈紫色之光照耀大地〉的文章指出：「聯邦快遞公司的故事，就是充滿了理想、衝動、資本及冒險的企業成長的故事。」風險投資資本家大衛·西爾弗說：「聯邦快遞公司是一個奇蹟。」聯邦快遞早在創立之初的三、四年裡，就遇到過五、六次重大危機，但是弗雷德·史密斯始終拒絕放棄，設定的目標沒有達成他是絕不甘休的。弗雷德·史密斯充滿傳奇色彩的創業故事是聯邦快遞公司執行精神的源頭。

進入20世紀60年代以後，美國經濟越來越依賴服務業和高科技產業，技術人員、科學家和管理人員已經成為經濟結構中最難得的商品。因此，許多公司紛紛把自己的總部設在能夠吸引這些人才的有文化享受、高等教育、娛樂消遣和優美環境的地方。而工廠的製造設備可以設在舊金山、波士頓、紐約的郊區。

人員和產品分散後，那些企業需要一種服務，即迅速、安全、可靠地傳遞各種資訊和貨物，如設計圖、文件、磁帶、磁片、小型電子元件等。有好幾家公司提供這類服務，埃默里航空運輸公司和飛虎航空公司是其中最大的兩家，他們在1969年的收入都有1億美元。但社會對它們的運輸服務極度不滿。這種傳遞服務不穩定，經常遲到，而且一般不太可靠。

如果一個公司能在全國某一個地區接受小型包裹，然後有效率地、毫無阻礙地在短時間內遞送到另一地區，這個公司就會有市場，客戶願意為可靠且快速的傳遞支付額外費用。

此外，當時美國全部空運的60％以上是在25個最大市場之間進行的，而小型緊急遞送的80％卻是在這些最大市場之外的地方之間進行的。較小地點的發貨人和收貨人必須等待定時運輸工具傳遞的包裹。還有，當時10家美國商業航空公司中就有9家的班機在晚間10時至第二天上午8時停留在地面上。從深夜到清晨期間的空中航線是不擁擠的，起飛和降落相對來說都會較順利。

敏銳地發現這一機遇，並勇敢地接受挑戰，緊緊把握住難得契機的，就是被譽為「隔夜快遞業之父」的美國著名企業家弗雷德・史密斯。1971年6月28日，聯邦快遞公司正式成立。

創業之初，弗雷德尋求與美國聯邦儲備系統的合作，因為當時的聯邦儲備系統有許多票據需要在銀行間傳輸，是一個極大的客戶。在弗雷德・史密斯看來，自己提供的隔夜傳遞可以為對方節省大量的金錢與時間，好處是顯而易見的，對方根本沒有理由拒絕這種服務，他堅信這筆生意肯定能做成，甚至連公司的名字都定為聯邦快遞公司。在與聯邦儲備系統進行談判的同時，這個冒險家就已經信心十足地購買了兩架飛機，還投資35萬美元，為一筆360萬美元的銀行貸款做了擔保，把購得的客機改裝成貨機以適用於運送包裹。

可是，幾週以後，弗雷德得到的卻是聯邦儲備系統拒絕接受「隔夜快遞」服務的消息，因為這會讓很多原先運送票據的人失去財源。用飛機為聯邦儲備系統快遞票據的計畫徹底失敗了，特地購買的兩架飛機被閒置在機庫裡，剛剛建立起來的聯邦快遞公司和年僅26歲的弗雷德面臨著首戰失利的沉重打擊。每個人都對弗雷德·史密斯說，他開創隔夜送包裹的速遞服務是瘋了，民用航空委員會絕不會批准這麼做，可靠的送貨員也不可能找到。此外，如果這種服務有市場，主要的航空公司早已經這麼做了。

從1972年到1973年初，弗雷德投資7萬5千美元組成了由專家、飛行員、技師、廣告代理商等組成的高級顧問小組，再次進行市場研究。結論是，小件包裹的快遞業務確實有巨大的市場潛力。弗雷德·史密斯制訂的新營業計畫更加複雜和宏大，要有很多的飛機和汽車，還要在全國建立服務網、開通多條航線。弗雷德·史密斯毅然決定把自己全部家產850萬美元孤注一擲地投入聯邦快遞公司，然後，他竭盡全力對華爾街那些大銀行家、大投資商進行遊說。

他精闢獨到的市場分析、他的努力、他的勇氣和冒險精神都給這些私人投資家留下了極為深刻的印象。很快，他籌集到了9600萬美元，創下了美國企業界有史以來單項投入資本的最高紀錄。許多參與投資的風險投資家說，我們投資是看中了史密斯這個人，他一定能成為一位難得的創造神話的偉大企業家。

在獲得風險投資之後，弗雷德·史密斯立即購買了33架達索爾特鷹式飛機。1973年4月，聯邦快遞公司正式開始營運。

令人失望的是，第一天夜裡運送的包裹只有186件。開始營業的前兩年，聯邦快遞虧損了2930萬美元，欠債主4900萬美元，公司處在隨時都可能破產的險境，這是聯邦快遞公司最為艱難的時期。弗雷德・史密斯後來回憶說：「世上沒人能知道那一年（1973年）我所經歷的事情，那一年給我的痛苦是如此之深，我所承受的壓力是如此之大，所發生的事情是如此之多，所進行的旅行是如此忙碌，與投資銀行家、通用動力公司以及孟菲斯的上百位不同人物的會晤是如此頻繁，同時我還得努力管理一家公司。」

為了幫助企業度過難關，弗雷德・史密斯做了幾件後來廣為流傳的事。1973年7月，隨身攜帶著幾百美元的弗雷德在賭城拉斯維加斯的賭桌上玩起了21點紙牌遊戲，結果贏了2萬7千美元，他把賭博贏來的錢用來給工人發薪水。為了抵償公司的債務，他賣掉了自己的私人飛機，甚至，他居然偽造律師簽字，從家庭信託基金中提取本屬於他兩個姐姐的錢。1975年1月，他被兩個姐姐起訴送上法庭。幸運的是，最後史密斯被宣告無罪。

為得到美國行政總局的合約，聯邦快遞公司在西部開闢了6條航線，在與其他企業的競爭中，他把價格殺得很低，使人懷疑是否還有利潤。但弗雷德・史密斯認為，公司可以藉這筆業務向外界表示：「看啊，連郵政總局的合約都能拿到手，對聯邦快遞公司的服務還有什麼不放心的。這樣做不僅讓投資者放心，還可以爭取到更多的用戶。」

聯邦快遞就這樣不屈不撓地堅持了兩年，最終迎來了重大的轉機。由於對商業運輸的需求突然猛增，國內主要貨運機構對大城市的業務都應接不暇（鐵路快運公司還因員工的長期罷工而破產），根本就沒有力量去滿足小城市的要求，這為聯邦快遞提供了重大的市場缺口，使它的業務量迅速增加。

1975年的7月是聯邦快遞公司第一個贏利的月份，全公司創利5.5萬美元。1976年，聯邦快遞公司獲純利350萬美元。1977年，年度營收突破1億美元，獲純利820萬美元。聯邦快遞公司終於走出困境，並創造了奇蹟。1977年，弗雷德・史密斯被紐約一家雜誌評選為全國十大傑出企業家。

弗雷德・史密斯說：「我認為，大多數時候，一個企業家要面對的最大風險是內在的。他們必須決定，這件事是他們想花畢生時間和精力去做的，而不是其他的事情，因為許多新觀點的確會遇到重大的阻力。有時阻力來自市場，有時來自資金，有時來自勁敵。但這需要狂熱地工作才能將深思熟慮的觀點一步步變為成功的現實。有許多人最初成功了，卻不能保持下去。因此，我覺得，如果有人想成為一個企業家，他必須首先度過這個難關，這個企業家必須向靈魂自省：『我是不是日復一日、月復一月、堅持不懈地來使得這個觀點變為成功？』」

一流快遞設備打造一流執行力

聯邦快遞公司向客戶保證國內貨物快遞不過夜，即使是晚上交貨也能在第二天上午10時30分前送達。為此聯邦快遞在硬體上投入了大量財力。

1977年，吉米・卡特當選為新一屆美國總統，他公開表示贊同解除對航空公司和航空貨運公司的管制。弗雷德・史密斯立即決定購買一批載重量達4.2萬磅的波音727型飛機。到了80年代中期，聯邦快遞已擁有8架價值2400萬美元、載重量達10萬磅的*DC*-10型飛機。

20世紀80年代，電子消費品的增長和科學工具的小型化，為聯邦快遞公司提供了更為廣闊的快遞市場，增加了「隔夜快遞」的業務量。聯邦快遞之前投入鉅資採購的飛機派上了大用場。

到2003年，聯邦快遞在全球擁有超過26萬名員工和承包商、42969個投遞點、643架飛機和43000輛汽車。聯邦快遞在亞洲擁有眾多運輸線路的專有使用權，其中包括進出中國境內的唯一線路，這些優勢使聯邦快遞在亞洲業務中獨佔鰲頭。

聯邦快遞還擁有自己的衛星和美國本土最大的氣象觀測站。每天夜裡都會有兩架空載的貨機在美國東西海岸之間穿梭飛行，以備有飛機出現意外。在聯邦快遞公司，不會因為任何突發事件和偶然因素而影響快遞業務。這些花大價錢購買的硬體是聯邦快遞一流執行力的基礎。

史密斯在20世紀80年代就預見到了聯邦快遞將面臨資訊時代的衝擊。他一直把對額定載貨量、實際載貨量、目的地、預計到達時間、價格、裝卸費用等資訊的準確把握，放在與貨物安全運送同等重要的地位。在他的要求下，聯邦快遞在網路中投入了大量的資金，建成了一個由雷射掃描器、柱狀圖和各種軟體、電子通訊設備組成的資訊網路。聯邦快遞為10萬家客戶安裝了電腦終端，向65萬家客戶提供了其專利軟體，這樣，公司只需要接收電子訊息，就可以及時辦理裝運了。

隨著科技的發展，聯邦快遞不斷地投入資金更新設備。2006年，聯邦快遞在港澳台等地區推出5萬部*FedEx PowerPad*來取代手提追蹤器。該設備採用了藍芽無線傳輸技術和通信無線分組業務聯繫網路，可以實現電子簽名辨識、免提資料傳送、自動掃描等功能。新設備可極大地提高遞送員的工作效率，不但能加快取件過程，運送時間也大為縮短，從而全面革新速遞服務水準。

持續多年的巨大硬體投入帶來了其他快遞公司無法望其項背的優勢。

好的員工是企業執行力的保證

在聯邦快遞的夜間作業現場，有多得數不清的箱子和包裹、錯綜複雜的輸送帶、忙碌穿梭的堆貨車與員工，卻沒有發生絲毫差錯。一面是壓迫得令人喘不過氣的運作系統，另一面則是士氣高昂、心情愉快的員工，聯邦快遞是如何做到這一點的？答案是：員工至上。弗雷德•史密斯說：「我們很早便發現，顧客的滿意度是從員工的滿意開始的。在代表公司理念的口號——員工、服務、利潤——之中，就融有這種信念。」

善待員工是聯邦快遞執行力的軟體保證。史密斯在善待員工方面花了很多工夫，因為他相信：「善待員工，並讓他們感受到公司真誠的關懷，便會得到全球一流的服務態度。」「這種精神能夠使硬邦邦的商業活動變得溫情脈脈。」

在很多美國人的心目中，聯邦快遞公司是一個令人嚮往的工作的好地方。1978年8月，《幸福》雜誌刊登了聯邦快遞公司一名員工的話：「人們遷居田納西州孟菲斯（聯邦快遞總部所在地）後所做的第一件事就是到聯邦快遞公司申請一份工作。」因為聯邦快遞的員工享受著絕大部分公司沒有的待遇。

例如，聯邦快遞允許員工自己挑選合適的職位。精力充沛、性格活潑的員工，可以挑選從事快遞人員和包裹追蹤等職位；謹慎細心的員工則可挑選登記存檔、檢查校對等工作。史密斯認為，只有經過自己挑選的職位，做起來才會讓人愉快。

弗雷德・史密斯還讓每位員工都受到公平待遇，為此聯邦快遞的管理者們總是必須經過嚴格的訓練並受到密切的監督。

聯邦快遞員工在每年都會收到包含29個問題的調查問卷，如：「主管尊重你嗎？」前10題的綜合得分形成領導指標，該指標關係到300位高級主管的紅利，紅利通常為資深主管底薪的40％。如果領導指標沒有達到預定目標，就拿不到紅利。如果一位管理人員連續幾年所得到的評估都低於一個預定的數值，那麼等待他的只能是解雇。這意味著主管要與下屬融洽且善待他們。

作為對「員工至上」的回報，聯邦快遞員工自我犧牲和別具一格的逸事多不勝數。送貨人可以抵押自己的手錶來購買汽油；當執法官來查扣鷹式飛機時，員工把飛機藏起來……聯邦快遞員工在聯運罷工中的表現尤其值得一提。

公司曾一度擠滿了每天80萬的額外包裹，數千名員工們自願在夜裡來到公司貨倉，幫助清理堆積如山的貨物。他們的辛勤工作是對團隊精神的最好詮釋。

執行力是貫徹戰略意圖，完成預定目標的操作能力。它是企業競爭力的核心，是把企業戰略、規劃轉化成效益、成果的關鍵。作為一個企業，再偉大的目標與構想，再完美的操作方案，如果不能得到強有力的執行，最終也只能是紙上談兵。聯邦快遞在與其他快遞企業做著同樣的事情，只是比別人做得好，落實更到位，執行更有效果，所以它最成功。

客戶關係管理提升競爭力

所謂客戶關係管理，就是指基於供應鏈一體化，透過供應商合作夥伴關係和客戶關係來實現資訊共用、資源互補、多方互動，以及客戶價值最大化，並以此提升一切競爭力的一種管理思想。客戶關係管理除了透過軟體和技術進行管理外，更重要的是融入了企業營運理念、生產管理、客戶服務和市場行銷等以客戶為中心的管理方法。它是供應鏈一體化上的企業與客戶的雙向互動，是生產商與供應商之間形成的一種新型的價值關係，其核心是客戶，本質是客戶與銷售商。近幾年來，客戶關係管理在全球已經受到普遍認可和大力的推廣，在企業的發展過程中發揮著越來越重要的作用。

聯邦快遞作為一個跨國的服務性企業，不但有良好的業務和服務體系，還有良好的客戶關係管理體系。長期以來，聯邦快遞良好的運作只是為它提供了一步先機，其不斷利用先進的技術和對客戶長期周到的服務是它後續發展的重要因素。

客戶關係管理是一個極其複雜和細緻的管理工作，客戶關係的建立不是依靠簡單的工作計畫就可以完成的，它需要全體員工的共同努力。只有企業內部員工熱愛自己的工作，才有可能為客戶提供最優質的服務，從而建立起良好的客戶關係。

美國某公司總裁曾經提出一條「黃金法則」，即關愛你的客戶、關愛你的員工，那麼市場就會對你倍加關愛。他的意思是說要把「客戶」當作企業的外部客戶，而把「員工」當作企業的內部客戶，只有內外都兼顧好了，企業才能獲得成功。

聯邦快遞一直認為，員工的主觀能動性對建立良好的客戶關係有著關鍵作用。企業應該善待員工，創造一切條件讓員工熱愛他們的工作，使他們不僅能夠做好自己的工作，而且會主動提供服務，讓員工心甘情願地跟著企業發展。因此，在聯邦快遞的客戶關係管理中，員工的重要性永遠是被放在第一位的。

1. 培訓

在最初開始實施客戶關係管理建設這個專案時，聯邦快遞在員工選擇、發展、激勵方面，尤其是在員工培訓方面投入了大量的資源，每位員工不論級別的高低每年都會有2500美元的預算用於培訓。他們鼓勵員工進修，幫助員工進行職業規劃，創造條件讓員工學習。

任何一名新員工在進入聯邦快遞時，都會接受公司對應聘者所進行的心理測試和性格測試，目的是為了使員工能夠更加符合企業形象和服務的要求。他們還會對新員工進行入職培訓，把公司的企業文化灌輸給每一個新員工。

2. 獎勵

聯邦快遞制定了各種獎勵制度，用來激勵員工更好地為客戶服務。當公司的利潤達到預定指標後，還會給員工加發紅利，通常這筆錢可達到年薪的10％。為了避免各區域主管的本位主義，因此在員工分紅設計中，各區域主管是不被考慮在內的。這樣就更加激勵員工為客戶提供滿意的服務。

鑑於客戶對聯邦快遞服務給予的意見，2003年9月聯邦快遞開始實施「真心大使」計畫。透過客戶對服務的意見來表揚有突出貢獻的一線員工，從而鼓勵他們邁向更高的服務水準。這個計畫不僅加強了客戶和一線員工之間的聯繫，而且讓員工享受到一種受尊重的感覺，從而更加發自內心地為客戶提供滿意的服務。

3.服務

「配合服務」是聯邦快遞內部合作的一條準則，就是要求員工對工作的各個環節都承擔起了解並滿足客戶需求的責任。在客戶服務過程中，雖然是快遞人員直接和客戶打交道，但後台部門也是需要參與到整個服務過程的。因此，在聯邦快遞內部，員工之間的合作行動都是以配合服務及流程為準則的。這種多管道的客戶關係管理在聯邦快遞被稱為「無縫互動」。

可以說，聯邦快遞的客戶關係管理概念已經滲透進了它的組織制度和人力資源方面。也正是依靠這種整體合作，聯邦快遞的客戶關係管理才能夠獲得成功，並達到預期的效果。

企業結盟擴大規模競爭優勢

一個成功的企業一定善於利用企業外部的各種資源來彌補自身的不足，因此隨著激烈的市場競爭，大多數企業開始運用自身各種資源來對外拓展合作。這樣做的目的是利用其他企業的優勢來彌補自身企業的劣勢，從而更好地為企業的發展提供服務。

透過與外部企業的合作，不但可以有效地提高自身的競爭力，而且可以建立大規模的專業化分工體系，從而依靠規模效益使經營更為經濟，使各合作企業分享規模經濟帶來的利益。聯邦快遞就是為了取得在市場上的絕對競爭優勢，於是和其他公司展開了廣泛的合作。

1. 與柯達的合作

柯達快速彩色沖印店作為中國最大的零售網路之一，2004年與聯邦快遞達成協議，在中國的柯達快速彩色沖印店設立聯邦快遞「自助服務專櫃」。柯達快速彩色沖印店是柯達管理的影像服務連鎖店，到2002年在中國已經有7000多家，遍佈全國750多個城市。因此它們之間的聯合可謂是強強之間的聯合。

2004年3月，聯邦快遞「自助服務專櫃」率先在北京的九家繁華商業區的柯達快速彩色沖印店內設置。自主服務專櫃配備有聯邦快遞的空運提單、商業發票、包裝袋等文件，方便客戶自主投寄快遞文件。為了確保柯達快速彩色沖印店的店員能為客戶提供更為專業的服務，聯邦快遞對他們進行了國際快件培訓以協助客戶寄送文件。

事實證明，聯邦快遞與柯達的合作是非常成功的。它們雙方始終秉持著共同的經營理念：為客戶提供便利、高品質和值得信賴的服務，最終為它們帶來了雙贏的局面。聯邦快遞借助柯達快速彩色店遍佈全國的龐大網路，搶先佔領了中國的許多核心城市，然後再從這些核心地區向其他城市發展，最後佔領中國國內的所有快遞市場。而柯達快速彩色沖印店使客戶在享受便利、高品質服務的同時，透過聯邦快遞分秒必爭的服務進一步提升了自己與客戶的親和力。

透過這次的合作，使得聯邦快遞成功地建構出自己的服務網路。到 2003 年在北京已經有了 30 多家「聯邦自助服務專櫃」，上海 40 多家、廣州 20 多家柯達沖印店成立了「聯邦快遞服務專櫃」。與柯達的合作，使聯邦快遞頃刻間增加了數千個潛在的網點，可謂是打了一場沒有硝煙的勝仗。

2. 與美國郵局的合作

2005 年 1 月 10 日，聯邦快遞與美國郵政局簽訂了兩份服務合約，聯邦快遞從而成為美國郵政局「全球快遞保證」服務的新合作夥伴。這種服務是首要的國際限時遞送服務，服務範圍已經遍及全球 190 多個國家和地區。

他們簽訂的第一份合約是關於郵政快遞業務的國內航空運輸。根據合約規定，從 2005 年 8 月開始，聯邦快遞提供30架DC-10貨機在日間負責運送美國郵政局的優先順序郵件，夜間要增加3架貨機運送快件。這可為其帶來63億美元的收益。他們簽訂的第二份合約是聯邦快遞可以在美國各個郵局設置投遞箱，根據美國郵政局的數量，聯邦快遞在美國共設置了1萬多個投遞箱。這些投遞箱從2005年2月份開始試運行。這一舉措能為聯邦快遞帶來9億美元的收益。

聯邦快遞與美國郵政局之間的結合顯然是一個雙贏的合作，這一合作不僅每年為聯邦快遞帶來70多億美元的收益，也為美國郵政局每年節約10億美元。因為在此之前，伊美利航空公司與美國郵政局簽署了一個長達10年的服務合約，但是由於伊美利航空公司是用專門的機隊來運送郵件，美國郵政局由此不得不付出高額的費用。另外，聯邦快遞所提供的是一套包含價格、服務品質、品牌認同、成本效率以及運輸網路運作等方面在內的最佳營運組合，為美國郵政局普及「全球快遞保證」服務並持續提升其服務品質提供了有力的保障。

第10章 戴爾電腦公司

邁克爾·戴爾（Michael Dell）

客製化的新商業模式

實行電腦直銷並不算是什麼創舉，正如同沃爾瑪創始人山姆．沃爾頓把超市開到鄉村一樣並沒有什麼創意，但是他的成功之處在於他知道如何有條不紊地建立市場基礎，處處從小事做起。戴爾的成功也正是將沃爾頓的原則運用於電腦行業並使之所向披靡。

戴爾公司的副總裁康爾特．托福爾說：「在我看來，邁克爾的天賦並沒有得到應得的肯定，對市場的每一點動向都有敏銳的洞悉力，是他創造了戴爾公司經營模式的要素。」戴爾深信最佳的電腦經營模式是能夠「量體裁衣」地為顧客服務，因為只有這樣才能讓顧客使用到對他們有用的產品。透過「直銷」這一獨特的商業模式，戴爾公司獲得了飛速的發展。

戴爾電腦成立於1984年，2004年營業收入達414億美元，在2007年度《財富》世界500強企業排名中名列第102位。在現代市場經濟條件下，客戶需求是企業建立和發展的基礎，讓顧客滿意已成為現代企業的經營哲學。邁克爾．戴爾發明的新的商業模式，讓客戶得到了自己真正想要的東西，從而獲得了巨大的成功。

開創物美價廉的直銷模式

在一家中型企業擔任經理的強森想要購買一台新的個人電腦，但他很忙，於是決定到網上找找看。他先造訪了自己最喜愛的網站：科技資訊網。在個人電腦這一類，網站向他推薦了戴爾、東芝和康柏這三家品牌。強森接下來先造訪了戴爾的網站。他想要配有平面顯示器和重複讀寫式光碟機的電腦，他用戴爾的規格設定精靈選擇了自己想要的東西，結果價錢低於2000美元，若加上運費和稅金則是2175美元。接著，他又來到了康柏的網站。他驚訝地發現，康柏的網站看起來跟戴爾的幾乎完全一樣，但同樣的配置價錢卻比戴爾貴了200美元。而東芝的網站讓人無從著手，而且該網站也無法自行設定想要的電腦，甚至無法直接銷售給他，於是強森很快離開了。強森最後又回到了戴爾的網站。

由此我們可以看出，戴爾電腦有兩大優勢，即顧客可以自行設定電腦配置、同樣的配置價格比其他電腦便宜。

邁克爾．戴爾在其著作《戴爾直銷》一書中解釋說：「在非直銷模式中，有兩支銷售隊伍，即製造商將產品分銷給經銷商，經銷商再分銷給顧客。而在直銷模式中，我們只需要一支銷售隊伍，他們完全面向顧客。」戴爾在高中玩電腦時就發現，一方面本地的一些電腦批發商接手的PC機無法及時出售，而另一方面用戶又無法得到他們所希望配置的電腦。於是，戴爾就到批發商那裡將積壓的PC機以批發價買回，再在機器上增加一些零組件，如更多的記憶體和磁碟機，然後以低於零售價10%～15%的價格出售這些電腦。1984年初，戴爾註冊了「PC有限公司」。一開始，戴爾就在當地報紙上打出廣告，把印有自己名字的成品組裝機賣給用戶，每月收入達5～8萬美元。到1986年，戴爾的年收入已達6000萬美元。到了1987年3月，才22歲的戴爾就在美國商界脫穎而出，被美國學院企業家協會評為1986年度的「青年企業家」。

自行設定電腦配置迎合了時代的潮流。在工業化大生產時代，標準化生產對於生產力的提高產生了很大促進作用，但由此帶來的則是統一規格、統一樣式，沒有個性的產品。隨著經濟的發展，人們的生活水準日益提高，人們的消費更加人性化，希望能夠根據需要自行設定產品的規格與外觀設計，希望擁有個性產品。

用戶可以根據自己的需要向戴爾訂貨。比如可以訂購17英寸的顯示器、高速的CPU而不需要作業系統。再如，負責桌上型PC開發的技術人員總認為顧客需要的是性能最高、速度最快的電腦，但是航空業的客戶告訴戴爾：在航空業中，電腦速度快幾秒鐘其實並沒有太大的意義，關鍵是要性能穩定，不必經常更新。於是戴爾專門為他們設計了可以跨越時代的經久耐用型PC，從而牢牢地吸引住了像波音公司這樣的「巨無霸」客戶。而這些選擇在IBM是不可想像的，你不能告訴

*IBM*你需要什麼，不需要什麼，你只能從*IBM*的眾多機型中挑選一款，即使它不適合你。

再來看看戴爾是怎樣降低價格的。戴爾的個性化設制流程如下：

戴爾開了一家「資訊銷售商店」，裡面的商品是一大堆電腦軟硬零元件的產品資訊。每一位進入戴爾商店的客戶掏錢買走他們認為合適的產品資訊，並被告知在不久之後的某一天，他將收到由其買走的產品資訊對應組裝而成的電腦。然後戴爾將客戶買走的那些產品資訊進行整理，用統一訂單的方式告知上游零元件供應商（如某某規格顯示器30台，某某品牌鍵盤50個），讓其用最快時間交付對應的零組件給戴爾。戴爾將這些零元件組裝成電腦整機，再裝進大箱子，再貼上*Dell*的品牌標識，然後讓郵局等物流合作夥伴按地址給客戶送過去。在這個商業模式中，戴爾擔當的是一個出色的總協調人的角色。

在這個流程中，我們沒有看到經銷商，產品直接賣到用戶手上，原本歸經銷商的利潤一部分歸戴爾，一部分用於降低銷售價格。同樣因為直銷，所以所有流進來的訂單都是真實需求而不是預估，不會因為預估造成風險。每年銷售旺季後，許多電腦廠商在管道裡多餘的存貨會退回來，而戴爾沒有這個煩惱，因為它的產品是零庫存，每一台都直接送到用戶手上了。零庫存帶來低成本，進而帶來低價格。還有，在傳統經營模式中，電腦放在貨架上銷售，還沒賣出去時，新的電腦部件已經不斷推出，老部件的價格不斷下降，電腦廠商一定有庫存部件跌價損失，但零庫存的戴爾沒有任何跌價損失，戴爾沒有損失的風險，也就更有降價的能力。戴爾的直銷模式確實帶來了眾多的降價優勢。

在直銷模式成功後，戴爾又獲得了規模採購優勢，從而使得戴爾電腦更加物美價廉。戴爾一年銷售的電腦超過五千萬台，那就需要採購五千萬個顯示器、五千萬個硬碟、五千萬個網路適配器等，這對任何一家供應商來說都是非吃不可的大蛋糕。戴爾於是憑藉自己的強勢地位要求供應商必須按照戴爾的標準來執行。戴爾要求供應商必須每年進行成本的強制性削減與品質的強制性提高，否則就解除供應資格。為了滿足戴爾的「零庫存」，供應商還必須在戴爾工廠附近建立倉庫以快速回應戴爾強大的客戶凝聚能力和龐大的訂單資源。戴爾的物流商則必須在兩天內以最快速度、最安全的方式把產品送到客戶手中。

先把顧客寵壞，然後俘虜他

邁克爾．戴爾深知完善的服務支援體系對確保企業直銷業務順利營運具有極為重要的意義，他表示，企業為它們的*IT*服務付出了太高的代價，戴爾將致力於以更好的價格提供最高水準的服務，不斷拓展服務的領域，不斷擴大服務的區域覆蓋率，不斷提高戴爾的服務品質……服務是戴爾公司持續發展的基石和保證。許多企業也模仿戴爾建立了直銷模式，但由於服務意識和服務品質的差距，最終無法和戴爾競爭。

我們來看一個例子。2000年，戴爾推出了一款新的筆記型電腦。產品賣出去以後，來自加州的一所大學反映，他們買了一部分這個機種，發現產品有問題。大學裡面的用戶在課堂和辦公室經常進進出出，機蓋的關合很頻繁，這款電腦開合幾次以後面板就撐不住了。

戴爾的工程部就進行了一些分析，發現有技術問題，大概有30％的產品要回收。但一台台退回來的話，運費、人工，加上零件的成本，每件產品的回收成本（運費、人工與零件成本）要200～300美元。這時戴爾的直銷優勢又看出來了，公司馬上查出來過去所賣的對象都在哪裡，每個客戶買了多少台，然後讓技術員巡迴服務一遍，幫所有買這個機種的客戶更換零件。集中服務不僅使維修成本大幅度降低，而且客戶認為戴爾的維修服務非常貼心，對戴爾的滿意程度大幅度提升。

邁克爾·戴爾還設計了與服務配套的獎勵機制。在戴爾，員工的獎金是與客戶的滿意度相結合的。每一位向戴爾客戶服務部打來問訊、投訴電話的客戶，在問題得到解決後都會收到戴爾發來的服務滿意度調查郵件，回饋結果作為員工的考核紀錄，滿意度越高，獎金數額也越高。

邁克爾·戴爾在清華大學演講時曾經有學生問他：「我是一個年輕的中國創業者，您有什麼忠告？」戴爾幾乎本能的反應就是：「首先，你一定要願意做事業，要有想法。但最重要的是傾聽客戶！」

戴爾公司完全照客戶的要求做，客戶要什麼樣的軟體，戴爾就幫他設計什麼樣的軟體，甚至連財產標籤也幫他貼好。客戶公司裡負責IT產品的人員只要登記好數量以及財產編號，直接發給員工用就可以了。戴爾把客戶寵壞了，客戶也就跑不掉了。邁克爾·戴爾強調，要保持和客戶的直接溝通，為客戶提供更多特色服務，透過創新性的技術和服務項目協助客戶以最恰當的方式快速解決問題。

先細分市場，再逐一佔領

俗話說「一山不容二虎」，但這種說法在戴爾不是那麼行得通的，它所實行的「雙主管制」在公司內的效率極高。他們成功的關鍵在於雖然許可權重疊，但每個人的責任很分明。比如經理人員必須一起督促他們所共同管理的員工，分攤最後的表現結果。經理人的績效就是由正式的工作表現來評估。

其實，戴爾這種模式是一種制衡的系統，權責共用不但成就了共榮的態度，加強了他們之間的合作，而且還使全公司都能分享不同的觀點和創意。這種雙主管制為戴爾帶來了極大的能量與熱情，他們把所有的能量化為行動，透過所謂的「市場細分化」使公司快速成長起來。

在面對一個龐大的市場時，戴爾的做法只有一個：首先把市場分散開來，然後再逐個擊破。這就是他們市場細分化的運用。市場細分化不但促進了他們的成長，而且使他們對消費者的服務也更有效率了。這一做法後來也成為戴爾的組織哲學。

很多公司的市場細分主要是以產品為細分單位，而戴爾除了在產品細分的基礎上還對顧客進行了細分。他們認為，顧客的個別需求和行為決定了應該提供什麼樣的產品與服務。而且戴爾採用的一般都是直接銷售的方式，如果能了解到顧客的特別需求，他們就更能為顧客提供好的服務。戴爾在依產品來組織規劃的同時，要求員工要對購買產品的每一名顧客都瞭若指掌，不只是了解當地顧客，全世界的顧客都應該做到悉心的了解。但就目前來說，這只是戴爾的一個長遠的假設。他們近期的計畫只是鎖定某一特定的區域，對特定種類的顧客做一個全盤的了解，這樣的目標實行起來會更容易一些。

戴爾根據市場細分化的銷售理念，為了更有效地滿足不同顧客的需要，他們設立了很多不同的銷售組織來專門了解顧客需求。後來為了適應成長，他們又把顧客細分為大型企業、中型企業、教育機構、政府組織、小型企業以及一般消費者，比如大型企業顧客與一般顧客。由於這兩種顧客會購買不同的產品，因此戴爾就會針對這些不同的顧客提供不同的服務，甚至運用不同的銷售模式。他們對大顧客的銷售模式有面對面接觸、電話聯繫和網路模式；對小型企業或一般消費者，他們主要以電話和網路模式為服務方式。戴爾的這種方式已經不單單是以顧客的年齡層或企業規模為背景來做考慮，他們更多的是依據顧客的需求與實際的購買行為來提供服務。事實上，早在20世紀90年代初期，戴爾已經從若干嘗試中領教到了細分化的威力。當時他們做了一個叫做「人性化個人電腦」系列的嘗試，其中包括5種產品，分別為特定顧客的不同需求而設計，比如「科技團隊」使用網路式電腦，因為他們的作業性質多半屬於團隊導向。

戴爾把很大一部分的資金投放在顧客服務上，事實也證明他們的細分化方式是正確的。他們雖然是把顧客當成組織的準則，但他們不只看顧客損益表，他們還要參考各項產品的盈虧。他們不但充分掌握戴爾在德國與大型企業和一般消費者的關係，甚至了解全球各國戴爾的銷售情況。用戴爾的話說：「我們是用兩條腿走路。」

市場細分化並不是簡單的一個新概念，正如戴爾所說：「我們在市場細分方面取得如此卓越的成績，全是因為我們採用了與眾不同的實踐方式。」

結盟供應商，互補不足

戴爾向來都是很重視「關係」的，比如他們與員工之間的關係、與顧客之間的關係，它都會處理得很好。而它與供應商之間的強力結盟關係，更多地反映出它想透過結盟來達到共同目標的意願和能力。

戴爾與供應商的結盟是從顧客那裡得到的啟發。顧客在購買戴爾的產品時常常說：「我們不會動手碰電腦的，因為那是你們的工作。我們只是想獲得電腦系統和好的支援服務。」於是戴爾意識到他們也應該尋找能彼此互補的合作夥伴，來支援他們的磁碟機、記憶體和顯示幕。

但是簡單地與其他企業的合作，並不能完成戴爾在結盟上的任務，他們的直接模式——與供應商結盟——才顯得更加有意義。戴爾與供應商建立合作關係的時候，雙方會就合作的內容和品質達成協定。戴爾會向供應商明白解釋什麼是直銷模式，這樣的模式會給供應商帶來什麼好處；他們所創造的是什麼樣的商業運作模式，這種模式怎樣有效地把供應商的產品、零件、技術和服務，迅速推廣到龐大的市場上。這樣一來，供應商就很願意和戴爾直接合作，為其提供更加專業的技術。在顧客方面供應商也可以獲得極大的好處。由於戴爾是直接與顧客接觸的，因此不論顧客的需求怎樣變化，戴爾都能及時地向供應商反映，以便供應商及時調整產品生產，甚至是原材料的輸入。這些都是供應商無法從其他同行公司獲得的好處。比如他們可以透過銷售情況和庫存情況，了解顧客目前的採購方向是什麼；現在大約有多大比例的顧客已經偏愛液晶顯示器。他們還可以透過員工的觀察，看出這些變化是發生在哪些特定的人群或者是整個市場的變化。戴爾根據他們的市場掌握這些情況，分析清楚市場的走向，然後提供給供應商。供應商就藉此針對顧客的需求迅速調整產品戰略，這樣一來，他們不但可以改變自己的庫存，戴爾也從中受到了很大的優惠。供應商都普遍認為這種即時的資訊回饋，對他們是無價之寶，減輕了他們因為庫存而導致資金的周轉困難和市場走向的迷茫。

戴爾這種快速把新產品推到市場上的直接模式，讓他們的供應商憑藉新的科技，在競爭激烈的市場中快速擁有了自己的一片立足之地。戴爾與索尼的合作就是一個很好的例子。索尼為戴爾所有的筆記型電腦提供鋰電池，這樣不但使戴爾重新回到了筆記型電腦市場，也為索尼贏得了戰略性的勝利。在索尼的能源工程師和戴爾接觸之前，他還是把鋰電池結合在一個兩個的電池組中，但筆記型電腦需要的是十個電池組，正好戴爾具有這方面的專業知識。透過戴爾的幫助使得索尼得以進入一個龐大的新市場。

戴爾總是鼓勵供應商及早地利用相關科技，像鋰電池。英特爾推出了幾十項新微處理器時，戴爾就在同一天推出了大量配備有這些科技的產品。後來，英特爾的董事長高興地說：「只有偏執狂才能生存。」對於戴爾來說也是一樣，他們需要的就是像偏執狂這樣的合作夥伴。

「要不要把顧客的欲望轉換為相關的科技，全看我們。這表示我們必須與顧客密切聯繫，與供應商保持主動溝通，以便把握機會。」戴爾說。

就某種程度而言，戴爾的表現鼓勵了整個電腦業走向更有效率的境界。他們也要求所有合作廠商，在供應零部件技術時要有效率，不斷改進品質；他們的要求，讓廠商能一起成長，變得更具競爭力。當顧客表達某種需求時，如果他們認為這暗示著更大的市場或未來趨勢的指標，便會要求供應商把需求轉換成發明。他們針對這項零部件技術下一張數量非常大的訂單，好讓所採用的新技術能具備足夠的影響力，成為業界的標準，降低所有使用者所負擔的成本。

推動產業標準，而不是投資於開發新的專屬科技來解決顧客的需求問題，不但對戴爾和供應商非常有用，也讓市場更有效率。假設他們和另一家競爭廠商都向同一家供應商購買磁碟機，而這項零部件是基於產業標準進行生產，各個製造商都得到大量的訂單，讓供應商有更大的彈性。戴爾也可從中受惠，不必因為供應商必須專為戴爾公司提供此項零部件而付給他們額外的費用；顧客也可以在成本和相容性方面，享有更多好處。

因為與供應商的關係，整體結合的利益大過個別奮鬥；結合互補的優點，也能產生更大的效益和生產力。

第11章 星巴克咖啡

霍華·舒茲(Howard Schultz)

追求顧客、員工多方共贏

世界巨富比爾·蓋茲的父親總是喜歡談論他的一位老鄉——霍華·舒茲，這個在世界範圍內不斷開拓其咖啡帝國的猶太人。星巴克的擴張速度讓《財富》、《富比士》等頂級刊物津津樂道，僅僅20餘年時間，就從小作坊變成在37個國家有1萬1千多家連鎖店的企業。老蓋茲曾是舒茲的法律事務代表，當時的舒茲還只是一位充滿事業心的年輕人，一心想發展咖啡業。老蓋茲回憶道：「作為一名職業律師，如果看到一個舒茲這樣的人，帶來諸如星巴克事業計畫的時候，他的眼睛肯定會為之一亮。舒茲有著罕見的才幹，他做事堅韌不拔，為人正派。他是一個傳奇。」

在華爾街，星巴克的股價在經歷了4次分拆之後，10年間攀升了22倍，收益之高超過了通用電氣（*GE*）、百事可樂、可口可樂、微軟以及*IBM*等大公司。霍華·舒茲是怎麼創造星巴克奇蹟的？

讓顧客放鬆享受咖啡

1975年霍華．舒茲大學畢業後，進入施樂公司做銷售員。後來他跳槽到一家進口瑞典廚具公司，擔任美國分部的副總裁。在銷售產品時，他發現位於西雅圖的一家叫「星巴克」的小公司在他那裡購買了很多台煮咖啡器。他感到很好奇，便親自到西雅圖看個究竟。

舒茲這樣回憶他初次到星巴克的感覺：「我來到這裡，首先聞到了咖啡的芬芳，完全是原汁原味的那種。我感覺它就像未成品的鑽石，而我則有能力把它切磨成璀璨的珠寶。」美妙的感覺使舒茲決定，自己今後的一生都要和咖啡打交道。1982年，舒茲毅然辭去年薪7.5萬美元的職位，加入星巴克擔任行銷總監。

一年以後，舒茲去米蘭出差，這成為他人生中的又一個轉捩點。有一次，他走入一家咖啡店喝義大利濃縮咖啡，產生了再造星巴克的靈感：「原來放鬆的氣氛、交誼的空間、心情的轉換，才是咖啡館真正吸引顧客一來再來的精髓。大家要的不是喝一杯咖啡，而是渴望享受咖啡的時刻。」

那時舒茲心情澎湃，因為美國還沒有這種咖啡館，他相信星巴克可以大有作為。但星巴克的創始人對舒茲的想法嗤之以鼻。舒茲沒有放棄，兩年後，他終於募集到足夠的風險資金，買下了星巴克的全部股份。幫助舒茲進行這筆交易的律師就是比爾．蓋茲的父親。

行銷學的第一原理就是滿足客戶的需求。舒茲認為星巴克的產品不單是咖啡，更多的是咖啡店帶給客戶的體驗。舒茲在美國推行了一種全新的「咖啡生活」：「星巴克是人們的第三個場所，第一個是家，第二個是辦公室，星巴克則介於兩者之間。在這裡待著，讓人感到舒適、安全和家的溫馨。」現在一些有關生活方式的文章經常提到這樣一個現象：「高級辦公大樓裡的高級白領們一般上午在辦公室，下午則在星巴克泡著。」還有這樣一句很經典的話：「我不在辦公室，就在星巴克；我不在星巴克，就在去星巴克的路上。」

「舒適、安全和家的溫馨」主要靠在咖啡店中和顧客進行交流來打造，特別是服務生和顧客之間的溝通。每一個服務生都要接受嚴格的培訓，包括客戶服務、基本銷售技巧、咖啡基本知識、咖啡的製作技巧等。服務生要能夠體會客戶的需求，在耐心解釋咖啡的不同口感、香味的時候，大膽地與客戶進行眼神接觸。

星巴克靠員工的耐心和經驗慢慢地建立與顧客的關係。最初他們以一對一方式教導稍有品味的顧客，區分各種咖啡的不同之處，並指導客戶磨豆以及在家泡煮咖啡的技術。這種與客戶分享咖啡資訊的方法打響了知名度，也培養了一群忠實顧客。

星巴克要營造和顧客之間的私密性感情維繫，硬體也很重要，當一間店由小變大的時候，就很難保持這種氣氛，所以星巴克選擇了「小店+大規模」，多網點覆蓋的方法。星巴克的每個小店都有誘人、濃郁的環境：時尚且雅致，豪華而親切。

進入星巴克，你會感受到空中迴旋的音樂在滌蕩你的心靈。店內經常播放一些爵士樂、美國鄉村音樂以及鋼琴獨奏等，這些正好迎合了那些時尚、新潮、追求前衛的白領階層。他們天天面臨著巨大的生存壓力，十分需要精神安慰，這時音樂正好產生了這種作用。另外，無論是煮咖啡時的嘶嘶聲，還是將咖啡粉末從篩檢程序敲擊下來時發出的啪啪聲，抑或是用金屬勺子鏟出咖啡豆時發出的沙沙聲，都是顧客熟悉的、感到舒服的聲音，都烘托出一種「星巴克格調」。

在星巴克，除聽覺享受之外，還有嗅覺享受。重烘焙極品咖啡豆是星巴克味道的來源，加上「四禁」政策（禁菸、禁止員工用香水、禁用化學香精的調味咖啡豆、禁售其他食品和羹湯），力保店內充滿咖啡自然醇正的濃香。視覺享受方面，星巴克以咖啡製作的四大階段衍生出以綠色系為主的「栽種」；以深紅和暗褐系為主的「烘焙」；以藍色為水、褐色為咖啡的「濾泡」；以淺黃、白和綠色系詮釋咖啡的「香氣」。燈、牆壁、桌子的顏色從綠色到深淺不一的咖啡色，都盡量模仿咖啡的色調。包裝和杯子的設計也彼此協調來營造假日歡樂的、多彩的情調。隨著季節的不同，星巴克還會設計新的海報和旗標裝飾店面。

在消費者需求的重心由產品轉向服務，再由服務轉向體驗的時代，星巴克成功地創立了一種以創造「星巴克體驗」為特點的「咖啡宗教」。人們來到星巴克，可以擺脫繁忙的工作稍事休息，或是約會。人們每次光顧咖啡店，都能得到精神上的放鬆或情感上的愉悅，有相當多的顧客一個月之內會光顧咖啡店十餘次，這便是星巴克吸引力的最好證明。

星巴克的品牌傳播並不是簡單地模仿傳統意義上的鋪天蓋地的廣告和巨額促銷，而是依靠口碑行銷，以消費者口頭傳播的方式來推動目標顧客群的成長。星巴克每年廣告支出僅為三千萬美元，約為營業收入的1％，這些廣告費用通常用於推廣新口味咖啡飲品和店內新服務，譬如店內無線上網服務等。與之形成鮮明對比的是，同等規模的消費品公司的廣告支出通常高達3億美元。舒茲認為，在服務業，最重要的行銷管道是分店本身，而不是廣告。如果店裡的產品與服務不夠好，做再多的廣告吸引客人來，也只是讓他們看到負面的形象。星巴克不願花費龐大的資金做廣告與促銷，但堅持每一位員工都擁有最專業的知識與服務熱忱，透過一對一的方式，贏得信任與口碑。

舒茲的策略是循序漸進，一次一個顧客，一次一家商店或一次一個市場來做。星巴克的標準是：煮好每一杯咖啡，把握好每一個細節。你可能今天面對的是第100位客人，但對客人來說，喝到的卻是第一杯咖啡，他對星巴克的認識就是從這杯咖啡開始的。如今每週光臨星巴克的人數達到了2500萬人。星巴克的成功證明了，一個耗資數百萬元的廣告不是創立一個全國性品牌的先決條件，充足的財力也並非創造名牌產品的唯一條件。

制度化合作

舒茲知道商業交易和相互信任之間的根本區別，他使相互信任在採購過程中「制度化」，與供應商、加盟商等合作者結成戰略夥伴關係。舒茲相信，最強大、最持久的品牌是在顧客和合夥人心中建立的。

星巴克的採購經理說：「品質放在第一位，服務放在第二位，價格放在第三位。我們不會因為低價格而在品質和服務方面放寬標準。」星巴克對合作的供應商是精挑細選的。由採購部門領頭，產品開發、品牌管理和業務部門等有關員工都將參與進來。星巴克從生產能力、包裝和運輸等多個方面對供應商進行評估，以達到特殊的品質標準，只有具備發展潛力的供應商才能與星巴克榮辱與共。

合約簽訂後，星巴克公司在價格、折扣、資源等方面得到特惠待遇。得益於星巴克極其嚴格的品質標準、良好的品牌，供應商們也會收到更多的訂單。

星巴克會積極地和供應商建立良好的工作關係，每半年或一年做一次戰略業務評估，如供應商的產量、需要改進的地方。雙方還會就生產效率、提高品質、降低成本、新品開發進行頻繁的溝通。透過頻繁的檢查與溝通，星巴克希望供應商懂得這樣一個理念：與星巴克合作不可能獲得短期的暴利，但供應商可以透過星巴克極其嚴格的品質標準獲得巨大回報。當星巴克成為顧客首選而獲得大發展，供應商就會得到更多的訂單與更好的聲譽。

星巴克憑藉日益強大的品牌優勢，透過與機場、書店、酒店、百貨店聯盟來銷售自己的產品。「在星巴克嚴格的品質管制和特許銷售行為之間，產品品質的控制是有風險的，」舒茲說，「這是一種內在矛盾。」因此，星巴克制定了嚴格的選擇合作者的標準：合作者的聲譽、對品質的承諾和是否以星巴克的標準來培訓員工。

星巴克希望合作者們贏利，對於合作者提供的相關產品（比如運輸和倉儲等）都不賺取利潤，星巴克只向合作者收取一定的管理費用。

*Barnes & Noble*公司是和星巴克合作最成功的公司之一。*Barnes & Noble*書店的目標是把書店發展成人們社會生活的中心。而書籍和咖啡是天生的一對，書店也需要一個休閒咖啡店。1993年*Barnes & Noble*開始與星巴克合作，早晨星巴克已把人流吸引進來小憩，同時增加書的銷量購書；購書高峰時段也可增加咖啡店的銷售額，雙方都從合作中受益。

星巴克還和食品公司和消費品公司結成戰略聯盟。例如透過和*Kraft*、*Pepsi*、*Dreyer's*等百貨公司的合作，使星巴克的品牌延續到了百貨零售管道中，充分利用了現有的銷售網路（如*Kraft*公司擁有3500名銷售人員，食品工業中最大的直銷團隊），並共同分擔了物流費用。

但高速增長使星巴克面臨巨大的挑戰：如何有效地運用技術改善顧客的體驗，而又不損害顧客與服務生之間的關係？高速擴張需要有更多的供應商，而公司能否管理好這些供應商？

舒茲認為：「更多的分店使人們感到星巴克正變得無處不在，如果我們始終保持和合作者們相互信任這個優勢，能否會使一個2萬5千人的企業發展到5萬人的企業？對實現這個目標，我堅信不疑。而關鍵問題在於我們如何在高速發展中保持企業價值觀和指導原則的一致性。」

一流員工保障一流服務品質

星巴克有一個多方共贏的管理目標：為顧客提供一個最好的、用私人情感維繫的服務，讓員工明白這個目標，令員工開心自願地保持這種服務，從而讓公司賺錢，使公司股價持續上升，員工自己也透過期權帶來薪資之外的額外收入。星巴克總是把員工放在首位，並對員工進行大量的投資，這一切全出自其董事長舒茲的價值觀和信念。

舒茲出生在一個猶太人家庭，在紐約貧民區長大。他與家人擠在一個狹窄的小公寓裡，與兄弟姐妹分享著一張小床。屋外的地面骯髒不堪，飛往甘迺迪機場的飛機每天在屋子上空無情地吼叫。有一天，當舒茲一進家門，就發現靠打雜工維持生計的父親躺在床上，原來他的腳踝斷了。從此，父親失業了，由於沒有醫療福利，家裡的經濟更加拮据。

舒茲說：「我永遠忘不了這一幕，我父親是個快垮掉的藍領工人，他的價值沒有得到體現，沒有受到尊重，這使他覺得很辛酸和憤怒。所以我下定決心絕不會讓這種事情發生在我的員工身上。」

舒茲的平民主義思想直接影響了星巴克的股權結構和企業文化，這種股權結構和企業文化又直接導致了星巴克在商業上的成功。他堅信把員工利益放在第一位，尊重他們所做的貢獻，將會帶來一流的顧客服務水準，自然會有良好的財務業績：

1.舒茲建立了完整的員工管理體系。

薪酬福利。星巴克員工的薪資和福利比零售業其他同行優厚得多。從1988年開始，舒茲給那些每週工作超過20小時的員工提供醫療保險、員工扶助方案、傷殘保險，而且員工只須支付總保費的25％，而星巴克支付其餘的75％。這項健康福利方案在同類企業中極為罕見，因而受到了美國前總統柯林頓的高度讚揚。星巴克還盡可能地照顧到員工的家庭，對員工家裡的長輩、小孩的不同狀況下都有不同的補貼辦法，這讓員工感到公司對他們非常關心因而更加用心地工作。媒體說：「如果舒茲是這個咖啡帝國的國王，員工們就是他忠實的臣民。」

2.股票期權。星巴克在1991年就設立了股票投資方案，允許以折扣價購買股票，所有員工都有機會成為公司的主人。在星巴克公司，員工不叫員工，而叫「合作夥伴」，這使得員工樹立起自己是公司股東的觀念。星巴克透過股票期權把員工和企業連在一起，企業要創造利潤，公司股價上升，員工手上的期權才能獲利。例如有一個從肯亞移民來美國的普通員工，6年後執行了自己的期權，得到2.5萬美元，為自己寡居的母親建了一所房子。

3.非常培訓。2001年，星巴克共進行了190萬小時的訓練，平均全球每位員工每天要接受近1個小時的訓練。星巴克花在培訓員工方面的費用遠比廣告投入高得多。所有招聘進來的員工在進入公司的第一個月內都能得到最少24小時的培訓，包括對公司適應性的介紹、顧客服務技巧、店內工作技能等，以使新員工懂得如何讓顧客獲得溫暖體貼的體驗。另外還有一個廣泛的管理層培訓計畫，著重訓練領導技能、顧客服務及職業發展。

4.參與管理。星巴克的員工數量從開始時的不到100人發展到2000年，已達10萬人。大企業的員工常常會有這樣的感覺：不明白自己的努力如何能促使企業成功；不容易把企業的成功和自己相關聯。舒茲認為，出現這種「無聯繫」的感覺，主要是因為管理層不能為下屬做出好的示範。因此，舒茲設立了獨立的星巴克監察委員會，確保各分店管理人員貫徹公司對員工愛護、尊重的政策。

舒茲還透過權力下放機制來賦予員工更多的權力，各地分店可以自行做出重大決策。例如為了開發一個新店，員工們團結於公司團隊之下，幫助公司選擇地點，直到新店正式投入使用，這種方式使新店最大限度地和當地社會接軌。星巴克公司的總部，也被命名為「星巴克支援中心」——這說明管理中心的職能是提供信息和支援，而不是向基層店發號施令。

20世紀90年代中期，星巴克的員工跳槽率僅為60%，遠遠低於速食行業鐘點工140%到300%的高跳槽率。這充分證明了舒茲所建立的員工管理制度獲得了巨大的成功。

快速擴張的星巴克文化

星巴克以其獨特的行銷手段開拓了一個原本沒有的市場。20世紀90年代初期，星巴克的銷售額以每3年成長一倍的速度遞增。星巴克已在全球37個國家設立了大約1萬1千家分店，並且以每天5家的速度在不斷地開新店。

這令創始人舒茲也感到意外：「老實說，這個速度我自己都難以相信。」

的確，在美國的大街小巷隨處都可見星巴克的招牌，他們這樣做也是為了減少人們排隊等候的時間。據統計，星巴克每天要煮大約2270萬加侖咖啡才能滿足顧客的需求，每週光顧他們店的人數在4千萬名以上。

位於西雅圖郊外的一個星巴克烘焙工廠裡，工廠每天都要處理來自28個國家數量驚人的生咖啡豆，每週要烘烤咖啡豆數量達200萬磅，而且只是在西雅圖這樣的工廠就有4家。毫不誇張地說，星巴克文化已經深深植入了美國人的日常生活中。在風靡全美的歐普拉脫口秀節目中，在創美國收視率新高的《辛普森家庭》裡，在深受大眾喜歡的益智遊戲節目《冒險》裡，各種電視節目中你都能看到星巴克的影子。

自2004年以來，星巴克的年營收成長率持續保持在20%左右。2004年，星巴克股票比2003年上升了56%，與1992年星巴克首次發行上市的市值相比，增長了30.28%，達到歷史新高。

2003年，星巴克收購了以出售低價咖啡而聞名美國的西雅圖咖啡公司，而後又把它發展成為年收入達10億美元的新公司。從2004年1月份開始，星巴克在法國陸續開設了多家分店，並在美國開設了更多方便駕駛人途經購買的窗口式分店。據統計，星巴克僅僅在2004年就在全球增設了1300家分店，並在這之後一直沒有停止擴張的步伐。

為了實現全球化的戰略目標，舒茲一直在想辦法全力打造這個咖啡王國，包括組建一支新的管理團隊，構建大型的咖啡烘焙廠，幫助咖啡種植者改良咖啡豆的品種，使其更符合星巴克執行的標準以及不斷增加的需求量。

你會相信每天有幾百萬美國人排著隊購買4美元一杯的咖啡嗎？你能想像美國人會走很遠去一家咖啡店點一大杯浮著香草的焦糖瑪奇朵咖啡嗎？

但舒茲真的做到了這些，身為星巴克的老闆，他總是不斷地有許多大膽的念頭閃現。可能從他還是紐約布魯克林區的一個靠賣血才能交出學費的窮孩子開始，舒茲就是一個有著超級想像力的人。

在美國，咖啡只是一種普普通通的飲料，一種吃早餐或者漢堡時能更好地把食物嚥下去的東西，一般價格非常便宜，幾十美分就能買一杯。但星巴克的出現改變了日常生活中人們對咖啡的印象，星巴克將「美式咖啡」消費習慣時尚化、精品化，創造出了都市男女人手一杯的全新形象。

2006年，一部由星巴克參與聯合發行的電影《阿克雅與填字遊戲》在美國隆重上映，這樣在北美地區的星巴克咖啡店裡，顧客會饒有興趣地發現原來一成不變的咖啡「菜單」上多了這部電影的DVD和相關音樂。這就是一直以來喜歡創新的星巴克的又一個不一樣的嘗試。

2009年，這個價值290億美元的咖啡帝國的領導者舒茲已經57歲了，他仍充滿活力，他不僅是一位優秀的推銷者，還是一位演技高超的表演者。他創造的是一種咖啡文化，全世界的潮流隨之而動。

有人稱讚舒茲會「變戲法」，他就像花樣百出的魔術師一樣，將美國最平凡、最普通的飲料變成一種充滿魔力和神秘感的東西。

在星巴克的總部西雅圖，他們的員工從來沒有把咖啡當成是一種解渴的飲料，所有這裡的人都被稱為「咖啡大師」，他們談論的話題常常是怎樣才能在咖啡中發現浪漫和熱情。舒茲說：「很久以前，我們的員工就創造了這樣一個口號：『我們的事業不僅是為了填飽肚子，而是為了豐富自己的靈魂。』我們的行銷手段就是獨特與不同，不是更好，而只是不同。」

在這裡，舒茲始終沒有停止孕育新的咖啡文化。舒茲會仔細品味每一口咖啡，不斷地從中發現新的秘密。舒茲說：「你嘗出裡面特有的泥土氣息了嗎？就像波爾多紅酒一樣，這簡直是太美妙了。」

舒茲曾經這樣對大家說，星巴克只是一家簡單樸實的咖啡公司。但在精心點綴的門面背後，我們看到了星巴克耗資巨大的實驗室，在這裡，將要投放市場的飲料配方早早地就被研究出來了。舒茲說：「飲品是可以被創造出來的，它們的外觀首先要符合時代潮流，需要關注當今什麼顏色最時髦。」

比如星巴克認為綠色很有潛力，於是就創造出了「綠茶卡布其諾冰咖啡」，據說星巴克的實驗室很快就調製出超過5萬種這樣的混合型咖啡飲料。用舒茲的話來說，有趣味的東西才能吸引到顧客，「當你走進一家店面，你希望看到一些令你興奮和覺得有趣的東西，這樣你才會經常光顧那裡。」

第12章 沃爾瑪零售連鎖集團

山姆·沃爾頓（Sam Walton）

超越顧客的期待

美國沃爾瑪零售連鎖集團在全球商業界看來就是一個商業神話，它的創始人、前總裁山姆．沃爾頓就是在一次次的成功轉型後，帶領著沃爾瑪逐漸發展壯大。

在1955年的美國著名雜誌《財富》評選全球500強企業時，沃爾瑪還不存在。1962年沃爾瑪還是阿肯色州本頓維爾鎮的一家小雜貨店，而到2006年，僅僅44年的時間，沃爾瑪的銷售額已經達到了1932億美元，並已數次在美國《財富》雜誌評出的全球500強企業中名列第二位。然而，沃爾瑪的輝煌業績，花費了它的創始人山姆．沃爾頓一生的心血。山姆．沃爾頓在美國經濟大蕭條時期長大，二次大戰時期曾在軍中服役，正是這個名不見經傳的人後來創建了世界上最大的零售企業。他有著極強的競爭意識和冒險精神，他曾經意識到，沃爾瑪要想獲得成功，除了為顧客提供低價位的商品之外，還必須超越顧客對優質服務的期望。他傾盡畢生精力為這個理念不懈努力，激勵並鼓舞著員工，並身體力行地實踐他所宣導的一切。

領導風格：勤勞節儉，親力親為

1985年10月，山姆．沃爾頓第一次被《富比士》雜誌列為全美富豪排行榜的首位。一夜之間，他和沃爾瑪成為全美公眾最為關注的焦點，大批記者湧入他的家。然而，記者們在山姆．沃爾頓家裡看到的景象讓他們大失所望：這位美國第一富豪過著比普通人還要簡樸的生活，他穿著一套自己商店出售的廉價服裝，戴著一頂打折促銷的棒球帽，開著一輛破舊不堪的小貨運卡車，車後還安裝著關獵犬的狗籠。

沃爾瑪是山姆．沃爾頓一手創建起來的，他始終親自管理沃爾瑪的大小事務。他用自己的原則、風格、理念管理沃爾瑪，最終創造了美國零售業的最大奇蹟，並且成為美國零售巨型公司中最富有特色的公司。

山姆．沃爾頓為沃爾瑪傾注了一生的心血。在沃爾瑪剛成規模的時候，他每天都是凌晨起來工作，直到深夜。他經常自己駕駛飛機，從一家分店飛到另一家分店，因為他堅持親自查看每個分店的行銷和管理情況。遇到週末開會，他會提前好幾個小時到辦公室準備相關的資料和文件。後來沃爾瑪的規模擴大了，雖然山姆．沃爾頓不可能再跑遍每個分店，但他還是盡可能去跑，所以，每一家分店的經理和員工他都很熟悉。

對於一個普通農民出身的孩子來說，山姆．沃爾頓所取得的成績確實是值得驕傲的。在美國這樣奉行奮鬥精神和企業家精神的國家，山姆．沃爾頓的事蹟可以說是實現了成千上萬名普通美國人的夢。正如布希總統在給山姆．沃爾頓頒發的獎狀中寫的：山姆．沃爾頓，地道的美國人，具體展現了創業精神，是美國夢的縮影。

1992年，山姆．沃爾頓去世，他將沃爾瑪的股份分給了妻子、三個兒子和一個女兒。2001年，美國《富比士》雜誌全球富豪榜的第7至11位全都是沃爾頓的家人，五人的資產總額達到931億美元，成為世界上最富有的家族。

企業規則：規範嚴格執行

在沃爾瑪，每個人都感覺自己是個成功者。按照山姆．沃爾頓定的傳統，每週六早上的管理例會上，總經理都會站起來高聲問：「誰是第一？」在場的所有人都會高聲回答：「沃爾瑪！」1991年，美國通用電氣（GE）總裁傑克．威爾許專程到沃爾瑪參加例行晨會，看到現場的情景，他興奮地說：「我知道為什麼沃爾瑪是個優秀的公司了。」

羅賓遜．沃爾頓是山姆．沃爾頓的兒子，也是現任的沃爾瑪公司董事會主席，在他看來，沃爾瑪能夠取得成功的主要因素就是其獨特的企業規則。

規則一：顧客滿意

顧客滿意是沃爾瑪的首要目標。山姆．沃爾頓常對員工說：「請對顧客露出你的八顆牙。」因為他認為露出八顆牙，才稱得上是合格的「微笑服務」。沃爾瑪有條重要的員工準則：「當顧客走到距離你10英尺（3公尺）的範圍時，你要溫和地看著顧客的眼睛，鼓勵他向你諮詢和求助。」山姆．沃爾頓將之概括為「十英尺態度」。除此以外，沃爾瑪企業文化的「不要把今天的工作拖到明天」、「永遠提供超出顧客預期的服務」等規則，已編入了美國的行銷教科書。

規則二：吹口哨工作

沃爾瑪的員工經常會做出近似瘋狂的舉動來吸引人們的注意，這樣可以讓他們的生活充滿樂趣，讓顧客感覺趣味橫生。山姆·沃爾頓本人就是一個典型。有一次他答應員工，如果公司業績出現飛躍，他就穿上草裙和夏威夷襯衫在華爾街上跳草裙舞。最後當年公司營業額的確超出了他的預料，他真的在美國金融之都華爾街上跳起了歡快的草裙舞。

儘管有些人認為沃爾瑪的員工都是瘋瘋癲癲的人，但了解沃爾瑪企業文化的人卻明白他們的行為意義，他們鼓勵人們打破陳規和單調的生活，去努力創新。「為了工作更有趣。」這就是山姆的「吹口哨工作」哲學。

正是沃爾瑪獨有的創新精神，讓它早在2000年就進入線上銷售行業，憑藉自己在服務和價格上的優勢，在競爭激烈的線上零售行業取得傲人的成績。

規則三：沃爾瑪歡呼

長期以來，沃爾瑪的企業文化使沃爾瑪內部上上下下的員工緊緊地團結在一起，他們團結友愛，充滿活力。他們創造了激勵自己努力工作的「沃爾瑪歡呼」，從中感受到一種強烈的榮譽感和責任心。

來一個*W*！來一個*M*！我們就是沃爾瑪！

來一個*A*！來一個*A*！顧客第一沃爾瑪！

來一個*L*！來一個*R*！天天平價沃爾瑪！

我們跺跺腳！來一個*T*！沃爾瑪，沃爾瑪！

呼呼呼！

從1977年山姆．沃爾頓開始帶領員工高呼這個口號後，「沃爾瑪歡呼」就成了沃爾瑪員工天天必喊的口號。沃爾瑪員工說：「凡是有沃爾瑪的地方，肯定能聽到這個口號。呼喊這個口號是沃爾瑪員工進行自我鼓勵的方式，無論是上班前，還是開會的時候，或者其他需要的時候，我們都會喊一喊為自己打氣。」

「沃爾瑪歡呼」其實是山姆．沃爾頓在參觀韓國的一家網球廠時，發現廠裡的工人每天早上聚集在一起歡呼和做體操。他很喜歡這樣的生活方式，於是急不可待地回去與自己的同事分享。山姆．沃爾頓曾說：「因為我們的工作非常辛苦，因此我們在工作過程中，都希望有輕鬆愉快的時候，使我們不用整天都愁眉苦臉。這是『工作中吹口哨』的哲學，我們不但會因此擁有輕鬆愉快的心情，而且將會把工作做得更好。」

規則四：推銷方式

在內布拉斯加州費爾伯利的沃爾瑪分店，組建了一支「精確購物花車訓練隊」，所有的隊員都穿著沃爾瑪的制服，推著花車變換隊形，參加當地的花車遊行。

透過這個有趣的方式，不僅拉近了沃爾瑪員工之間的關係，使他們情趣盎然，還形成了一種最好的宣傳和促銷手段。沃爾瑪的這個企業文化是在內布拉斯加州費爾伯利小鎮發展時逐漸形成的。當時小鎮上的生活枯燥乏味時，沃爾瑪就推出戶外大拍賣、樂團和馬戲團表演吸引顧客購物。即使後來沃爾瑪成規模了，仍然不忘鼓勵員工在店裡製造歡樂氣氛，共同為周邊居民增添生活的樂趣。

規則五：週六例會

在沃爾瑪，最能體現其企業文化的就是「週六例會」。每個週六的早上七點半，由沃爾瑪的總裁，帶領公司的高級主管、各個分店經理和各級員工近千人集合在一起，大聲喊公司的口號。這個活動結束後，所有的員工不論級別高低，都可以就沃爾瑪的經營理念和管理策略暢所欲言。平時一些成績突出的員工還會被請到沃爾瑪總部——本頓維爾公開進行表揚。沃爾瑪的「週六例會」被視為他們企業文化的核心。所有參加例會的員工不論職位高低，在發表意見時個個都喜笑顏開，他們在輕鬆和諧的氣氛中不但提出了良好的意見，而且也拉近了彼此間的距離，讓溝通不再是一件難事。同時透過例會，沃爾瑪的各級員工也能及時了解到各分公司和各部門的最新進展。

在每週六的晨間例會上，所有參加會議的員工通常都會用一部分時間商討一些近乎不可能實現的創新構想。但是他們並不會馬上否決這些構想，而是會認真思考怎樣去做就可以從不可能變成可能。有一次，沃爾瑪一個分店的助理經理訂貨時多訂了四、五倍的月餅，為了將這些月餅在過期前全部賣出去，這個助理經理想到了舉辦吃月餅的比賽。最後，這個辦法成功地將多訂的月餅賣了出去。從此，每年十月的第二個星期六，沃爾瑪都會在這個分店的停車場舉行吃月餅比賽，吸引了無數其他地方的顧客前來參加和觀看，同時也引來新聞媒體採訪報導，沃爾瑪因此更是聲名遠揚了。

正如沃爾瑪的管理人員阿爾．邁爾斯說：「週六晨間會議的真正價值是在於它的不可預期。」

員工管理：所有員工都是合夥人

在沃爾瑪，山姆．沃爾頓會把所有的上下級員工都當合夥人來看待，和他們共存亡、同利益。而員工也把他當成合夥人，大家齊心協力產生的效益是無可比擬的。平時他表現得像沃爾瑪的一個家務總管，不會隨意向任何人發號施令。他鼓勵員工入股，允諾他們優惠的股份和他們離休後的待遇。不論是關於工作還是生活，山姆．沃爾頓會盡可能多地跟員工交流。他認為，員工知道得更多，他們也就更能理解你；他們更能理解你，對沃爾瑪的事務也就更用心。他們一旦真正開始用心，就會長期堅持不懈地做下去。如果總是對員工隱瞞一些他們其實應該知道的事情，他們也就會對你隱藏一些他們真實的想法。到這個時候，你就可能處在一個非常危險的境地，並最終讓你的競爭對手得益。

沃爾瑪每一次戰略成功後，山姆．沃爾頓都會感謝員工所做的貢獻。獎勵通常是一張支票和一份股份，這些可以換來他們的忠誠。山姆．沃爾頓說：「每個人都希望被別人感謝，尤其當他們做了些引以為豪的事情。一句真誠的讚揚所產生的作用往往是別的東西所無法替代的，而且完全免費。」

沃爾瑪經營受挫時，山姆．沃爾頓也不忘幽默。他可以戴上面具唱難聽的歌，然後讓員工和他一起唱。他總是表現得很熱情。他甚至曾經抱怨地和員工說：「我不要再去華爾街跳草裙舞了，因為我已經做過了。」

雖然這種做法看起來很傻，但在山姆．沃爾頓看來卻是非常重要的。因為經過這件驚人的跳舞事件，沃爾瑪的股票價格從上市以來，年平均增長率高達27％，直到現在，沃爾頓家族仍然持有沃爾瑪公司38％的股票市佔率。同時它的競爭對手也會十分迷惑地說：「我們為什麼要把沃爾瑪的這些傻瓜當成競爭對手呢？」

山姆．沃爾頓規定，沃爾瑪的管理者必須真誠地尊敬和親切地對待員工，不能靠恐嚇和訓斥來領導員工。他認為，好的領導者要在管理和業務的所有方面都融入人的因素。如果透過製造恐怖氛圍來經營，那麼員工就會感到緊張，有問題和意見也不敢提出來，結果只會使問題變得更糟，形成惡性循環。而且沃爾瑪的管理者必須了解員工的個人品行及其家庭狀況，幫助他們解決困難和完成心願，尊重和讚賞他們，常常關心他們，這樣才能幫助他們快速成長和發展。山姆．沃爾頓就是一個好表率。美國《華爾街日報》曾有篇報導：有一次凌晨兩點半結束工作後，山姆．沃爾頓經過沃爾瑪的一個發貨中心時，和一些剛從裝卸碼頭上回來的員工聊了一會兒，了解了他們的需要，事後便為員工改善了沐浴設施，員工們都深為感動。

在山姆．沃爾頓看來，沃爾瑪最大的財富不是它的資本，而是沃爾瑪的所有員工。他曾經說，沃爾瑪的業務75％在於人力方面，是所有沃爾瑪非凡員工肩負的關心顧客的使命。所以他認為把員工看作是最大的財富不但是正確的，而且是自然的。所以在沃爾瑪的整體規劃中，重點建立的部分是企業與員工之間的夥伴合作關係。

沃爾瑪的「利潤分紅計畫」、「員工折扣規定」和「獎學」，還有像帶薪休假、節假日補助、醫療和人身保險等，都是對員工實施的優待政策。可以說在沃爾瑪，他們尊重公司的每一個員工，善待每一個員工，而這些都是沃爾瑪透過平等相待真真實實做到的。不論沃爾瑪員工是來自世界哪個地方，是什麼膚色，或是種族，也不管他的背景是怎樣的低微或高貴，大家都受到一樣的尊重。

即使是山姆·沃爾頓本人也一樣，在沃爾瑪總部的停車場裡，也沒有一個固定的車位是屬於他的，這就是地位平等的突出表現。《財富》雜誌評價沃爾瑪，「透過在培訓方面花大錢和提升內部員工而贏得雇員的忠誠和熱情，管理人員中有60％的人是從鐘點工做起的。」就像沃爾瑪的經理例會，通常是由那些經常為了企業的經營策略動腦筋並能提出好建議的人參加，不論是一個鐘點工還是正式員工，都可以充分表達自己的意見、參與討論，這就是機會平等的表現。同時，沃爾瑪還鼓勵員工要積極進取，雖然沃爾瑪並不會完全根據文憑和學歷來評價員工的成績，但無論是誰，只要有意願想要提升自己，沃爾瑪就會提供所有學習或深造的機會，這顯示出了它為員工提供教育的平等。

沃爾瑪這種尊敬員工、善待員工的企業文化理念，極大地激發了員工的進取心和創造性，他們為降低公司經營成本出謀劃策，為商店的貨品設計別出心裁的陳列，經常舉辦一些靈活多變的促銷活動。有一次，沃爾瑪的一名員工發現，原來的送貨上門服務和沃爾瑪貨車的路線是相同的，這樣的話貨車就可以順便送貨，結果這一建議每年為沃爾瑪節省了100多萬美元。

價格理念：守住「天天最低價」

沃爾瑪在資訊系統方面的投入是全世界聞名的，號稱僅次於美國國防部的資訊系統。每年沃爾瑪在培訓上投入的成本也是全世界培訓費用投入最多的。山姆．沃爾頓所做的這一切都是為了降低系統成本，從而為顧客提供最便宜的商品。

1.節約每一分錢

在山姆．沃爾頓看來，為顧客節約每一個銅板，實在非常樸素，卻又意味無窮，他認為這就是商業的根本。

其實，每個人對金錢的態度，很多時候和成長的環境有關。山姆．沃爾頓童年生活很艱辛，他們全家上下為賺取每一分美元而忙碌。他的母親想到開家小牛奶店，年紀很小的山姆．沃爾頓因此很早就起來擠牛奶，等母親加工和裝瓶後，放學後他再去送奶。七、八歲的時候，他開始送報刊。上了大學，山姆．沃爾頓當過餐廳侍應生、游泳池救生員，那時他已經能夠自給自足了。

艱辛的歲月為山姆．沃爾頓後來的成功累積了寶貴的財富。正是由於他早已對一分美元的價值懷有一種強烈的、根深蒂固的珍視態度，成就了他日後輝煌的事業。山姆．沃爾頓對金錢的態度也就成了沃爾瑪的重要基因。在沃爾瑪還是小雜貨店的時候，山姆·沃爾頓就堅定一個信念：沃爾瑪必須始終保持價格比任何一家商店都低，全心全意地致力於「天天低價」。這種信念，後來成了沃爾瑪經營哲學的基礎。

山姆·沃爾頓對為顧客節省每一個銅板的經營原則有著濃厚的情感。回首過往，他很慶幸自己起步時的艱難：「要是有充足的資金，或者成為一家大公司的子公司，我們也許不會打算在小城鎮開設商店，這樣我們就會失去在這些小城鎮的商業機會。現在，我們得到的第一個巨大收益是，在美國的小城鎮裡存在著許許多多的商業機會，它比任何人包括我本人所想像的要多得多。」

是的，在小鎮起家的山姆·沃爾頓，他了解小鎮的顧客，他們珍視每一個銅板的價值。一個小鎮街角雜貨店要成功，關鍵是要能敏銳捕捉周邊人群的細微需求差異，盡力為他們節省每一個銅板。

長久以來，沃爾瑪依然維繫著這個信念：沃爾瑪所有商品都要低價，不能有其他商店的商品比沃爾瑪更低價。當顧客想到沃爾瑪商店，他們首先想到的是低廉的價格和滿意的服務。他們可以肯定，在其他商場不會有比這兒更便宜的商品。在一個銷售推動型的行業，要不拘一格地掌握採購和促銷，沃爾瑪全心全意地致力於這種想法。

沃爾瑪始終堅持自己的管理方式。沃爾瑪的經理辦公室總是最簡陋的，在貨架前搬貨的人通常就是那家商店的經理。山姆·沃爾頓的弟弟巴德·沃爾頓回憶說：「我們幹過一切事情，清洗櫥窗、打掃地板、佈置櫥窗、登記入庫貨物，經營一家商店要幹的活兒我們都幹過。我們必須把開支控制在最低限度，這樣我們就能以降低經營成本的方式賺取利潤。這方面山姆總是很有辦法，他總是嘗試做一些別出心裁的事情。」

沃爾瑪的成功，說到底就是用真誠換信賴，不斷尋求滿足顧客更多的需要。這也是商業的實質和最基本的動力。

歸結山姆·沃爾頓的經營法寶，我們會發現，他的法寶就是一條：守住最便宜折扣店這個根本，然後無成見、大規模地快速複製。

真正深刻的東西都是簡單的。

2.全家都是「摳門兒」

儘管山姆·沃爾頓是世界級富翁，但他從沒購置過豪宅，一直住在本頓維爾，開著自己的舊貨車進出小鎮。並且鎮上的人都知道，沃爾頓是個「摳門兒」的老頭，每次理髮都只花5美元，這是當地理髮的最低價。但是，這個「摳門兒」的老頭卻向美國5所大學捐了數億美元，並在全國範圍內設立了很多獎學金。

山姆·沃爾頓的幾個兒子也都繼承了他「摳門兒」的性格。美國大公司的高層一般都有自己豪華的辦公室，但沃爾瑪現任總裁吉姆·沃爾頓的辦公室卻只有20平方米，董事會主席羅賓遜·

沃爾頓的辦公室則只有12平方米，而且辦公室內的陳設也都十分簡單，以至於沃爾瑪被人們形容成「『窮人』開店窮人買」。

正因為沃爾瑪的「節儉」，使得它在短短幾十年的時間內，迅速擴大發展起來。目前，沃爾瑪在美國擁有連鎖店1702家，超市952家，「山姆俱樂部」倉儲超市479家；在海外，還有1088家連鎖店。2000年，沃爾瑪全球銷售總額達到1913億美元，超過了美國通用汽車公司，僅次於艾克森美孚石油，位居全球500強企業第二。

3. 時間就是金錢

為了減少成本，沃爾瑪都是直接從工廠進貨，以減少中間流通環節。通常的零售業都是由分店向工廠訂貨，再由工廠向各個分店發貨。沃爾瑪則實行「統一訂貨，統一分配」的方式。各分店將訂貨詳單彙整到總部，然後由總部統一訂貨。由於是大批量訂貨，因此沃爾瑪可以享受到比其他零售商更便宜的價格。貨物回來後，再由總部的車隊將貨物運到沃爾瑪的分銷中心。沃爾瑪在全國共有24個巨型分銷中心，這些分銷中心負責把貨物運到各個分店。這些分銷中心的地點都是經過實地考察和認真分析的，貨物由分銷中心運到各個分店的時間不能超過一天。

據了解，沃爾瑪所有的分銷中心樓板面積加起來，大概有二十幾個標準足球場那麼大，它的裝貨月台就可供30輛卡車同時裝貨，卸貨月台則可容納135輛卡車同時卸貨。沃爾瑪的車隊「沃爾瑪運輸隊」被看作是美國最大的車隊，它擁有卡車2000輛、拖車11000輛。所以人們會驚訝地說，這根本不像是一個連鎖店，簡直就像是一個「沃爾瑪商業帝國」！

與很多其他商店的分銷中心相比，沃爾瑪分銷中心的工作效率可以算是最高的。沃爾瑪的各個零售商從在電腦上開出訂單到貨物上架，平均只需要兩天的時間，而其他競爭者則需要5天。

在沃爾瑪大約8萬多種商品中，有85％的商品是由分銷中心向外分銷的，而其他競爭者則只有50％～60％的商品是從這裡分銷的。

沃爾瑪總部有一台高速電腦，它是和全國24個分銷中心和2000多家沃爾瑪連鎖店相連的，任何一家商店售出的商品都會透過付款掃描器自動儲存到電腦裡。當任何一種商品的庫存減少到一定數量的時候，電腦就會發出缺貨信號，總部會根據電腦的數量顯示，立即安排貨源運往缺貨商店最近的分銷中心，然後再由分銷中心的資訊系統安排發貨時間和線路，整個過程不超過48小時。這種電腦系統存貨管理方法，不但使沃爾瑪總部能夠迅速掌握銷售情況，而且可以及時補充零售商存貨的不足，做到既不積壓又不出現缺貨狀況。

沃爾瑪分銷系統效率如此之高，在很大程度上取決於其先進的管理手段。在零售業裡使用電腦進行控制管理其實並不是很新鮮，但使用電腦和衛星互動式通訊在世界上可以說是獨一無二的，也許只有沃爾瑪才能做得到。

1983年，沃爾瑪與美國休斯公司合作，花費2400萬美元發射了一顆商業衛星，後來又追加投入7億美元的鉅資建立了目前的電腦及衛星互動式通訊系統。透過這套先進的系統，沃爾瑪的總部、分銷中心和各個零售商之間就可以非常方便地進行對話和新產品示範。正是這種高效率的分銷手段和先進的內部管理系統，使沃爾瑪的成本大大降低，加速了資金周轉，減少了庫存費用，從而保證了沃爾瑪能以低廉的價格出售自己的商品。這也是沃爾瑪成功的關鍵所在。

顧客服務：超值優質服務

山姆．沃爾頓曾教導員工：「服務超出顧客的期待。如果你能做到這一點，他們就會不斷地再來買你的商品。只滿足他們的要求？不，還要再做得多一些。顧客投訴怎麼辦？找藉口？不，道歉。讓顧客感覺你很感激他們，因為他們的建議使你可以改進自身。」在沃爾瑪有兩句標語：「滿足需求。」「他們還在那兒，是他們使我們與眾不同。」

下面是沃爾瑪服務的三個主要原則：

1. 日落原則

山姆．沃爾頓有句名言：「如果今天你能夠完成工作，為什麼要把它拖到明天呢？」於是他在沃爾瑪創造了「日落原則」。沃爾瑪要求員工，當天應該做完的事情必須在當天做完，要在日落之前結束當天該做完的工作。具體說，對顧客的要求必須在當天予以滿足，做到日清日結，不能拖延。不管這些提出要求的顧客是來自偏遠鄉鎮的普通人，還是來自繁華商業區的闊佬。沃爾瑪認為，顧客生活在一個繁忙的世界裡，每個人都在為自己的生計奔忙。作為商家，只有實行日落原則，才能最大限度地滿足顧客的需求。堅持日落原則，就是堅持沃爾瑪的經營宗旨。

2. 超值服務原則

沃爾瑪要求員工，向每一位顧客提供比滿意更滿意的服務。具體說，每一項服務，只是讓顧客滿意還不夠，還應當想方設法提供讓顧客感到驚喜的服務。山姆．沃爾頓說：「讓我們成為顧客的好朋友，微笑迎接光顧本店的所有顧客，向他們提供我們所能給予的服務，不斷改進服務。這種服務應當超過顧客原來的期待，沃爾瑪應當是最好的，它應當能夠提供比其他商店更多更好的服務。」

在沃爾瑪，類似這種「超值服務」的事情屢見不鮮。沃爾瑪的一名員工薩拉，奮不顧身地把一名兒童從馬路中央拉開，避免了一起交通事故；另一位員工菲力斯，對突發心臟病顧客實施緊急救護，使這名顧客脫離危險，轉危為安；還有一位員工安迪，主動延長工作時間，幫一位母親挑選給兒子的生日禮物，卻因此耽誤了自己兒子的晚會。

3. 十步原則

沃爾瑪要求員工，無論在何時何地，只要顧客出現在自己十步的範圍內，都應該熱情地看著顧客的眼睛，主動打招呼，詢問顧客是否需要幫助。

1998年5月，深圳市零售商業行業協會在中國舉行「中國零售經營管理技術研討會」，邀請沃爾瑪與全國近300家零售商參加研討會。很多零售商都希望能聽一聽沃爾瑪的經商秘訣，但最後令他們失望的是，沃爾瑪的代表並沒有提供什麼特別的方法，他們只是一再強調觀念的轉變。

無論是在任何一家沃爾瑪的連鎖店，都能發現其強烈的企業文化特色，而卓越的顧客服務就是沃爾瑪的最大特色。山姆．沃爾頓曾經說過：「顧客能夠解雇我們公司的每一個人，他們只需要到其他地方去花錢，就可做到這一點。」在沃爾瑪，只有顧客才是老闆，顧客永遠是對的。「要為顧客提供比滿意更滿意的服務」，沃爾瑪真正做到了這一點。

沃爾瑪始終貫徹「顧客第一」的經營理念，並使之成為企業文化的重要一部分。不論你在什麼時候，只要走進任何一家沃爾瑪連鎖店，你都會發現驚喜的存在。

山姆．沃爾頓，這個看似平常普通的人，卻一步步、扎扎實實地築造了自己的「商業帝國」，他把「為顧客著想」貫徹到底，由此也贏得了巨大回報。他在一生中得到過許多獎項，其中最讓他感到高興的是布希總統親自授予的「總統自由獎章」，地點就在沃爾瑪總部的大禮堂，也是山姆．沃爾頓曾無數次主持週六晨會的地方。山姆．沃爾頓說：「這是我們整個事業最輝煌的一刻。」

第13章 英特爾公司

安德魯· 葛洛夫（Andrew S.Grove）

性格的魅力

領導者要充分發揮自己的才能通常會受到很多方面因素的制約，性格是其中最重要的因素。性格是個人鮮明區別於他人的個性特點，是個人主要的、穩定的，而且長久的個性特徵。性格和能力是個性心理特徵的兩個主要方面，它們相互聯繫，有著共同的心理基礎。當心理個別差異在心理過程中影響活動效率時，一般表現為能力；當它在行為活動中影響行為方式時，一般表現為性格。而行為方式和活動效率又是密切相關的，因此性格對能力的發揮有著重要的影響。足智多謀、才氣過人的司馬懿之所以中了諸葛亮佈設的空城計，是因為他有多疑的性格缺陷。可見，從古至今，性格對於領導者才能的發揮有著十分重要的意義。

英特爾前總裁安德魯．葛洛夫用他自己的性格魅力，影響並帶領著英特爾平安度過了多次磨難。安德魯．葛洛夫曾說過：「在IT行業裡，我有一個規則：要想預見今後10年會發生什麼，就要回顧過去10年中發生的事情。」在過去10年中，英特爾變成了技術世界中最為自力更生的企業，在這一過程中，安德魯．葛洛夫的個人性格給英特爾烙上了不可磨滅的印跡。

雷厲風行的強硬管理者

長期以來，安德魯．葛洛夫一直努力把自己改造成標準的美國人，但他的努力還是失敗了，他依然是個十分奇特的人——讓人完全聽不懂的英語腔調、蹩腳拙笨的外形、頭上還戴著一副助聽器，一看就知道是東歐人。而且他對工作的勁頭，也和俄羅斯的礦工一樣。

事實上，英特爾是由摩爾和諾伊斯成就的，安德魯．葛洛夫只是他們雇用的第一位員工。然後，這可能也是兩位創始人一生中所做出的唯一的、最英明的決策。安德魯．葛洛夫身上所具有的東西：無情、強硬的管理才能和執著、嚴謹的工作作風，最終促使英特爾走向了成功。

安德魯．葛洛夫天生就是個「強硬派」。正如有人所言：「如果安德魯．葛洛夫的母親妨礙他了，他也會把她解雇掉。」也有人說：「你得理解這一切，諾伊斯是個很友善的人，這使他深受員工的愛戴。但是公司得有人去鞭策和訓斥後進員工，安德魯正好擅長這方面的工作。」有一次，安德魯．葛洛夫對一位女員工叫道：「如果你是男的，我會打斷你的腿。」

1974年，費金向安德魯．葛洛夫遞交辭呈。不論他怎樣極力挽留，都無濟於事。憤怒的安德魯．葛洛夫說出了很難聽的話：「如果你離開英特爾，你能做什麼？你將不會給你的孩子們留下任何遺產。你的名字將被人遺忘，你將一事無成。」結果這句話不但沒有摧毀費金的自信，反而大大激勵了他。之後費金創辦的Zilog公司還差點使英特爾翻了船。

安德魯．葛洛夫在1979年接任英特爾總裁。當IBM決定採用英特爾8088晶片作為PC的「心臟」時，安德魯．葛洛夫開始走上工作前線，並且進入了微處理器發展的中心。從此，他強硬的管理風格浸潤了整個微處理器行業。連他的競爭對手也不得不承認，他不但贏了，而且他們還得仿效他的管理風格。

安德魯．葛洛夫的性格也確立了英特爾的形象。他經常悄無聲息地四處轉悠，進行現場檢查。在銷售會議上，經常可以看到身材矮小、其貌不揚的安德魯．葛洛夫。他說著匈牙利口音的英語，拖長聲調地說：「英特爾是美國電子業迎戰日本電子業最後的希望所在。」他的一席話，使得幾百名員工熱血沸騰，大家都甘願犧牲一切去完成一個神聖的使命：把生產出來的晶片賣掉！

由於受到日本廠商的瘋狂進攻，1984年，英特爾記憶體業務衰退。他們生產出的產品像小山一樣堆積在倉庫裡，資金周轉困難，英特爾陷入危機。幸好後來安德魯．葛洛夫創立了目標式管理方式，支撐住了英特爾營運的軸心，而且微處理器業務也逐漸成熟起來。有一天，安德魯．葛洛夫與英特爾董事長兼CEO的摩爾討論公司困境。當時他問摩爾：「如果我們下台了，另選一位新總裁，你認為他會採取什麼行動？」摩爾猶豫了一下，回答道：「他也許會放棄記憶體業務。」安德魯．葛洛夫說：「那我們為什麼不自己動手？」後來，安德魯．葛洛夫提出了新的口號：「英特爾，微處理器公司。」英特爾順利地度過了記憶體崩潰的危機。

安德魯．葛洛夫領導英特爾通過這次生死攸關的大轉折。後來他為了向員工解釋公司新的戰略目標，親自與公司的高層管理人員、中層經理和基礎員工接觸，竭盡全力與他們交流溝通，表明他的意圖。而且他還每天花上兩個小時，透過電子郵件給員工灌輸思想正確。安德魯．葛洛夫成功了，1987年，他頭上又新添了一頂重要的桂冠：英特爾CEO。也就是說，他成了英特爾名副其實的掌舵人。

有了微處理器這道護身符，英特爾便可以平步青雲了。1992年，英特爾成為世界上最大的半導體企業。與此同時，安德魯．葛洛夫的傳奇故事也為世人知曉。因為英特爾已不僅僅是微處理器廠商，它逐漸成了整個電腦產業的領導者。

然而，1994年，一個小小的晶片缺陷，再一次將安德魯．葛洛夫推到了生死關頭。他回憶說：「1994年11月22日，我正準備打電話回辦公室，這時電話鈴響了，傳播部的主管有急事找我。說CNN（美國全國廣播公司）將派人來公司，他們已風聞奔騰處理器的浮點缺陷問題。這事就要鬧大了。隨後12月12日，*IBM*就宣佈停止發售所有奔騰晶片的電腦。預期的成功突然成泡影，一切變得不可捉摸。我們的員工都心神不寧，甚至感到恐懼。」

不論誰驚慌失措，安德魯．葛洛夫都必須保持鎮定。12月19日，他果斷地決定更換所有晶片，並改進晶片的設計。英特爾耗費了4.75億美元鉅資，相當於英特爾研發的半年預算，或奔騰的5年廣告費用，英特爾又一次活了下來，而且更加生氣勃勃。安德魯．葛洛夫又一次拯救了英特爾，他的性格和氣質、勇氣和熱情傳遍整個英特爾。

安德魯．葛洛夫曾經說過，到57歲他就退休。但到了57歲，他正幹得起勁，英特爾也如日中天，既使是身體出現問題，他也不言退休。

1994年秋，安德魯．葛洛夫的新任私人醫生為他做了一次全面檢查，發現他的PSA（血清攝護線特異抗原）的化驗結果是5，而正常值應是0～4。但當時醫生沒有在意，安德魯．葛洛夫也沒當回事。在第二年的一次度假中，他突然想到了去年PSA化驗的結果，於是他上網查找相關資訊，發現自己得了前列腺癌。休假完畢後他急忙又做了一次PSA化驗，結果PSA升到了6，這說明腫瘤正在擴散！他緊急約見了一位泌尿科大夫，診斷結果不出所料，他患了癌症。

醫生給他三種治療的建議：開刀、化療和冷凍。安德魯．葛洛夫經過靜靜地思考和分析後，最終選擇了化療。一個月後他的PSA指標正常了。但安德魯．葛洛夫知道，癌症所帶來的恐懼將伴隨他的餘生。從這件事情上他得到了啟示：遇見問題要進行調查、選擇、治療，不但要快，而且要積極主動地進攻，消極等待只能使情況更糟。這與他一貫的經營理念如出一轍。

1996年，身兼史丹佛大學商學院教授的安德魯．葛洛夫推出了自己的新書：《只有偏執狂才能生存》，這本書總結了他一生的經營理念，其中核心就是戰略轉捩點問題。「穿越戰略轉捩點為我們設下的死亡之谷，是一個企業組織必須歷經的最大磨難。我常篤信『只有偏執狂才能生存』這一格言，我不惜冒偏執之名，整天疑慮事情會出岔。」

但是，即使是偏執一生的安德魯．葛洛夫也還是在新的轉捩點遭遇了挫折。1997年，在奔騰和奔騰二代的推動下，英特爾達到了事業輝煌的頂點，但很快網路帶來了明顯的反衝。作為摩爾定律的忠實執行者，安德魯．葛洛夫始終認為低端市場並不會在市場上產生多大的作用，但是令他意外的是，低端市場不但沒有低靡反而越演越烈。1998年，英特爾第一季的業績讓所有人跌破眼鏡。5月，迫於形勢的壓力，安德魯．葛洛夫不得不將CEO的職位轉交給貝瑞特。安德魯．葛洛夫從第一線上急流勇退，將英特爾跨越新的轉捩點交給了繼任者。

永遠不安於現狀

1997年5月21日，對於英特爾來說是具有歷史性意義的一天。這一天，安德魯·葛洛夫正式取代高頓·摩爾成為英特爾的新任董事長。雖然大家都明白這一交接只是一個形式上的儀式，摩爾和葛洛夫還將繼續負責之前自己的工作，但從另一個角度也充分說明，安德魯·葛洛夫在英特爾已經可以獨當一面了。

任何事情都是事出有因的，英特爾做出這樣大的內部改革也是有根據的，那就是英特爾傳奇般的過去。早在1975年，摩爾就鮮明地預見到：將來電腦晶片的性能每18個月會提高一倍。而當時任職執行總裁的安德魯·葛洛夫，在過去10年裡所做的一切都無可辯駁地印證了摩爾的這一「定律」。英特爾為PC製造商提供最熱門的電腦晶片，這樣他們就能開發出更新更強的PC電腦。而那些倖存下來的競爭對手，像超微設備公司和Cyrix公司等，就只能淪落到落選之馬的境地。目前世界上80％以上的PC機安裝的是英特爾的微處理器。

對於摩爾提出的物理定律，分管英特爾微處理器產品的總經理虞有澄稱它為「技術和商業的定律」。直到現在，摩爾的這一定律依然被電腦行業中一條穩固的供求鏈所驗證：在電腦公司和軟體公司開發新功能和新軟體的過程中，提高了對晶片性能的要求，因此英特爾就不得不不斷地研製出性能更高的晶片來滿足PC製造商。晶片的利潤可高達60％，英特爾就把賺來的錢修建新的電腦晶片製造廠（每座工廠大約耗資約20億美元），藉此為下一輪角逐積蓄能量。「近些年這種趨勢肯定是不會有什麼改變，但它也不一定能長久，」虞有澄說，「這種勢頭最終會停下來。如果高性能晶片不再滿足人們的興趣後，我們在新一輪的競爭中將無錢可賺。」

安德魯．葛洛夫直到幾年前才完全意識到這一點。他認為，把英特爾的未來寄望於別人主動創造需求購買英特爾的微處理器無異於自殺。如果微軟改變了它的研究與發展計畫，把工作重心從研製開發下一代軟體轉移到改進更新目前PC軟體的工作性能上，那麼肯定很少有人會再購買新型但價格昂貴的英特爾晶片了。

為了讓英特爾長期處於不敗之地，安德魯．葛洛夫對英特爾經營策略做了全面的調整。他要讓這個晶片巨人不再僅是扮演配件供應商的角色，而要讓它成為全球電腦界的領袖。安德魯．葛洛夫宣佈：英特爾將自己創造需求。他解釋說：「如果電腦的作用僅僅是那些有限的一些，以後幾年我們生產的晶片將會無人問津。因此，我們得自己創造需求使用我們的微處理器。依靠我們的辛勤努力，不斷調整經營策略，促進市場需求的增長，這樣我們才能賺錢。這一點銘刻在我們每一個人的心靈深處。」

對於安德魯．葛洛夫來說，英特爾轉型的成功也是一次個人的成功。其實他也是參與英特爾創建的少數員工之一，但他從來沒有把自己看作英特爾的創建者，他認為這一位置是屬於摩爾和諾伊斯的。摩爾和諾伊斯正是有了安德魯．葛洛夫這位「得力助手」的鼎力支持，他們的成功才被世人讚譽為夢幻般的傳奇。昔日矽谷的市場先導雷傑斯．邁肯納說：「過去的英特爾是相當保守的，而如今它已經開始慢慢充當前沿領袖的角色了，因為安德魯．葛洛夫認為英特爾已經有能力做到這一點了。他也許是世界上最傑出的經營者。」

建設性對抗：對抗中尋求創新

英特爾總裁安德魯．葛洛夫主張在公司形成一種對抗的氛圍，讓員工可以在對抗中尋求創新。英特爾管道和軟體事業部副總裁、中國產品開發事業部總經理王文漢清晰記得他剛剛加入英特爾，第一次參加部門會議的事情。

當時，王文漢因為是第一次在自己員工面前講解工作，為了能更加清楚地表達自己的意思，他親手繪製了一些幻燈片圖紙。可能是出於緊張，他在調焦的時候有些手忙腳亂，於是員工在台下高聲地發表他們的看法，直截了當地提出批評：「這個圖怎麼能這樣畫，水準真是不怎麼樣。」沒有給王文漢一點面子。這對於剛剛加入英特爾，還沒有完全適應英特爾的王文漢來說，確實是一件十分難堪的事情，當時他覺得：英特爾的人真是粗魯。不過隨著他慢慢了解了英特爾的這種策略後，自己也變得「粗魯」起來。他自己也說：「現在我在台下也一樣『粗魯』地評價台上的人。」

這就是英特爾獨創的「建設性對抗」。作為世界知名的*IT*技術企業，英特爾不允許在公司裡存在虛偽的客套，它要求的是毫不留情的批評和指責，因為只有這樣，才能激勵每位員工不斷改進、打破舊思想，提高工作效率。而且在英特爾普遍存在一種看法，如果員工只能完成上司交給的任務，就會被認為是不會有大作為的；如果員工總是善於動腦筋、總結經驗和創新，才能在英特爾立足和晉升。所以，為了證明建設性對抗中形成的新見解、新辦法，英特爾鼓勵每一個員工積極冒險。

安德魯．葛洛夫認為，一個人的創新狀態與他的工作效率是成正比的，因此，在英特爾，他提倡每個人都要不斷嘗試新事物。

現任英特爾中國區產品部總監洪力在擔任亞太區總裁陳俊聖技術助理時，有一次，亞太區的另一個總裁說洪力的工作不夠多，因為洪力沒有犯任何錯誤。這令洪力很驚訝。他認為，像英特爾這樣的一流公司，高品質肯定是工作的第一要求，自己當然不能犯錯誤。但後來透過了解他才知道，在英特爾80％的工作應該是高品質的，剩下的20％則是用來犯錯誤的，這就是說洪力在熟悉的環境裡「舒服」地工作，當然不會犯錯誤，但他同時也失去了創新的動力。從那以後，洪力開始重新審視自己的工作。經過那次意外的「打擊」，他漸漸養成了嘗試新事物的習慣。

英特爾不但提倡每個人嘗試新事物，而且提供各種可能讓每位員工嘗試新職位。除了正常的晉升外，任何一家企業的員工都不會像英特爾的員工那樣頻繁地變換職位。像中國區區域大客戶銷售總監孫彥斌、資深架構經理趙軍，他們都經歷過多次變換部門職位的情況，洪力在英特爾工作14年，前前後後更換了9個職位。

英特爾投資部亞太區市場經理李咪咪也有3次內部換職的經歷，她說：「換職可以讓我長期地保持工作熱情和學習動力，不會對英特爾和工作產生厭煩情緒，也促使我不斷地創新。」而對於英特爾來說，員工的創新帶動著企業的創新。

英特爾除了想方設法使員工保持創新狀態外，還十分注重對內部人才的培養。洪力曾舉辦了一次失敗的市場活動，因此他感到十分羞愧要提出辭職，但上司直接拒絕了他，並告訴他說：「英特爾是允許犯錯的，沒人會因此而責怪你，你現在要做的是總結教訓，這樣才能做好以後的事。」

擔任中國區市場總監的張文翊也有類似經歷。十幾年前，大學畢業不久的張文翊在猶他州擔任英特爾軟體工程師，後來因個人原因要去香港，她只好提出辭職，但卻遭到了上司的拒絕。她的上司安排她到香港的英特爾做了一名銷售人員。張文翊因此受到激勵，從沒學過銷售並且不懂廣東話的她，硬是拿下了當時最大的三個客戶，這連她自己都不敢相信。

還有一次，張文翊負責安德魯·葛洛夫最後一次出訪的行程安排，途中發生了臨時事件，最後張文翊妥善地處理掉了，於是安德魯·葛洛夫送給張文翊一本《只有偏執狂才能生存》的書，並在第一頁寫道：有你在這裡，我就不用擔心了。這無疑是對張文翊的最高評價。因此在往後的工作中，不論遇見任何挫折或是低潮，張文翊只要想起這句話，就會感到有無窮的力量。她已經把英特爾看成是自己的第二個家了。

現在，英特爾中國區域的大部分高層管理者在英特爾都有十年以上的工作經歷。像現任英特爾中國區域研究中心有限公司總經理杜江凌，在1994年加入英特爾後，一直工作至今。他深有感觸地說：「在英特爾，我不但工作順心，而且也很有事業成就感，這些都是錢買不來的。」

英特爾以其獨有的文化培養了大批忠誠而進取的員工，正是這些寶貴的「軟實力」，在英特爾鐵腕領導人安德魯·葛洛夫退休後，依然使英特爾保持著迅猛增長的勢頭。

堅定戰略目標走向輝煌

「每當我回顧穿越戰略轉捩點初期階段經歷的時候，總想起西部舊片中的經典片段：一群騎士在窮山惡水之中艱難地跋涉。他們並不明確前方的路，只知道不能回頭，相信最後總會到達心中的樂土。」這是英特爾前CEO安德魯·葛洛夫在帶領英特爾進行戰略轉型時說過的一句話。

1986年，英特爾推出了一個響亮口號：「英特爾，微處理器公司。」這正是英特爾竭力想要達成的目標。這句話沒有談到半導體或記憶體，它表達的是英特爾公司穿過1985～1986年記憶體劫難的死亡之谷之後的形象。

為了成功地穿越這個死亡之谷，英特爾所做的第一件事就是要把公司的這一形象確立好。不僅要讓自己明確這個形象，還要把它清清楚楚地展現給英特爾的每一名員工。英特爾到底要成為一家什麼樣的公司？——大量生產半導體部件的公司、記憶體公司，還是微處理器公司？就像你要去經營一家書店一樣，你希望它在讀者心中是可以邊喝咖啡邊看書的，還是折價讓利型的？

管理界的人士把這一形象稱之為「遠景」。對安德魯·葛洛夫來說，這個詞也許太高深了些，他知道，自己要做的只是抓住公司的精髓，看準業務的焦點。他清楚怎麼樣為公司的形象下定義，除了明確「它是什麼」之外，還要明確「它不是什麼」。

事實上回答後面這個問題相對比較容易，因為在竭力擺脫困境時，你會有強烈的意願表明自己不想成為什麼樣的公司。1986年，安德魯．葛洛夫知道自己不想再讓英特爾作為一家記憶體公司。在經歷市場殘酷的搏擊後，英特爾感到力不從心，因而最終選擇了退出。

這個過程中出現了危機：有把公司的身分過於簡單化，把戰略過於集中化的傾向。這時有人說：「那我這部分業務怎麼辦？公司不感興趣了嗎？」正因為如此，英特爾仍然沒有完全放棄從事除微處理器之外的其他業務，保留了相當數量的其他種類半導體記憶體業務。

安德魯．葛洛夫常常思考：身為領導者，為什麼不願意去領導別人？後來他透過一些事情漸漸發現，由於領導者必須在同事和員工喋喋不休地爭論公司發展新目標之前做出決定，而且這個決定必須果斷、明確，但這個決定的成敗只有在多年之後才可以看到成果。可以想像，對於一個領導者來說，這需要多大的信心和勇氣。相比之下，領導者對公司的規模進行縮小就容易很多，即使是自信心不足也不會有太大問題，像工廠關閉、人員裁減等的效果會很快顯現，再加上財務人員舉雙手贊成，當然就是一個無驚無險的決策。

公司進行戰略轉型，意味著它將從過去的形象向未來的形象做一個根本性的轉變。但是這個轉變會十分艱難，因為公司今天成型的各個部分都是用了很長時間才形成的，不是那麼輕易改變的。比如一家電腦公司，如果想把它轉型成一家軟體公司，中間勢必會遇見各種各樣的情況。

但有一點是可以確定的，要想在戰略轉折中求得生存，原來公司中的一些管理層人員必須做出更換。

英特爾在進行戰略轉型時，曾經開過一個經理會議，討論英特爾「微處理器公司」的新方向。當時它的董事長戈登．摩爾說：「我們如果要認真向這個方向發展，5年內我們的行政領導中將會有一半轉變為軟體型的領導。」這就說明英特爾如果想要成功轉變專業方向，它的行政管理層就必須做出調整，否則只能被人取代。後來英特爾管理層的人員有一半轉變了他們的方向，另一半則離開了公司。

正如安德魯．葛洛夫所言，對新事物的察覺、想像和感知只是好事開頭的第一步，這一點一定要心中有數，也要客觀冷靜。不要遇見困難就妥協放棄，也不要自欺欺人。如果不能夠堅定目標並向目標前進，那麼跨越死亡之谷的風險就會加大，這無異於自取滅亡。

帶領企業跨越戰略轉捩點，有點像在陌生的草地行軍一樣。企業的新規則還沒有完善起來，有的只是剛剛建立，有的甚至聞所未聞。這時候，在你和同伴的手裡沒有新環境的指南針，你也不清楚自己想到達的目的地究竟在何方。

事態有時會出現緊張的局面，常常在歷經戰略轉捩點的時候，出現手下人失去了對你的信心的情況，並且你也可能失去對其他人的信心。比這更糟的是，你的信心受到極大打擊。管理層的人互相埋怨，內部矛盾不斷湧現，爭論戰不斷升級，前途茫茫然不知所措。

這時，作為領袖的你，必須時刻注意新方向的召喚。雖然這時你的公司可能已經士氣低落，人心疲憊，維持公司消耗你大量的精力，但是這時你必須找到補充精力的方法，激發你自己和手下人的熱情，恢復往日的戰鬥力。

安德魯．葛洛夫提示企業管理者，把自己和自己公司正在拚命征服的窮山惡水看作死亡之谷，只能成功，不能失敗，不然就意味著滅亡。它是戰略轉捩點中的必經之地。你無處可逃，也無法改變其凶險的面目，你唯一能做的就是堅定自己的目標，想出有效的辦法來克服它，從而引領企業走向另一個輝煌。

第14章 蘋果電腦公司

史蒂夫·賈伯斯（Steve Jobs）

創新、創新、再創新

在美國矽谷，大多數高科技公司通常只專注少數幾項產品，但蘋果關注的是所有將會在下一時段流行的產品，如蘋果製造的*iBook*和*iMac*的硬體，生產的以*IPod*為中心的消費電子產品，開發的*Mac*作業系統和*IMove*、*IPhoto*、*Safari*等應用軟體，建立了網路銷售平台*ITunes*音樂商店。蘋果的這種發展戰略是和蘋果創始人、「電腦狂人」史蒂夫·賈伯斯的聰明智謀密不可分的。

在中學的時候，史蒂夫·賈伯斯曾經直接打電話給*HP*的大老闆，要求為他的專案提供元件和設備。這就足以顯示出史蒂夫·賈伯斯與眾不同的超前智慧。史蒂夫·賈伯斯足智多謀的才能、創新領導潮流的舉動、跌宕起伏的傳奇人生經歷、力挽狂瀾的能力，以及他在電腦界和娛樂界無可匹敵的影響力，是這個行業裡任何人都無法比的。

*IT*業是一個無法預測和無法確定的行業，隨著用戶口味和偏好的變化，*IT*技術也在飛速地發展。史蒂夫·賈伯斯曾多次在技術上出現了錯誤，然後被市場無情地拋棄。但憑藉他堅韌不拔、絕不氣餒、繼續創新的性格，當機遇再次降臨的時候，他獲得了成功，創造了輝煌。作為一名企業家，尤其是在變幻莫測的高科技行業，百折不撓的毅力和韌性，創新無止境的史蒂夫·賈伯斯正是矽谷精神的典型代表。

永不衰竭的創業精神

20世紀70年代，一台電腦至少要上萬美元，即使價錢降幾倍普通的家庭也承擔不起。1976年，史蒂夫·賈伯斯的朋友沃茲尼克設計出一款微型電腦，當時史蒂夫·賈伯斯意識到了其中的商機，極力勸說沃茲尼克辭職，與他合作開一家新的科技公司，公司的名字就叫做「蘋果」。為了籌建蘋果，史蒂夫·賈伯斯以1500美元的價錢賣掉了自己心愛的大眾牌汽車，他到處去拉投資贊助，最終得到了美國著名風險投資家麥克·馬庫拉的賞識，為蘋果投了一筆鉅款。

1977年4月，蘋果推出了世界上第一台真正的個人電腦——*Apple II*，從此個人電腦行業創立。這台電腦是有史以來第一台具有彩色圖形顯示功能、鍵盤、電源和造型的個人電腦產品，由於配置簡單，*Apple II*的成本大大降低，普通家庭花上幾百美元就可以買到。當年，蘋果的產值一下突破了100萬美元。1980年，蘋果在美國上市，股價一路飆升。史蒂夫·賈伯斯和沃茲尼克也因此成為億萬富翁。短短幾年間，蘋果不但進入了世界五百大企業的行列，而且蘋果的名字在世界上也傳播開來。史蒂夫·賈伯斯第一次成為《時代》雜誌的封面人物。

蘋果在美國可以算是發展最快的電腦公司，到1984年，蘋果的員工已經有4000名、資產超過了

20億。同年，蘋果又推出了*Macintosh*產品，也就是著名的蘋果*Mac*機。實際上，早期的蘋果機只能讓學電腦的孩子練習簡單的編程和玩簡單的遊戲。然而好景不長，戲劇性的事情發生了，蘋果的創業者史蒂夫·賈伯斯被蘋果「踢出了門」。而踢他出門的正是他親自請來的管理者約翰·斯高利。

正當蘋果蓬勃發展的時候，史蒂夫·賈伯斯覺得有必要聘請一位優秀的商業管理者幫助自己管理公司，於是他對當時百事可樂的經理人約翰·斯高利說：「難道一輩子你想賣汽水，不想有機會改變世界嗎？」

在約翰·斯高利加入蘋果最初的幾年，公司整體運轉得很好。後來由於他們對未來發展的看法發生了分歧吵了起來。然而不幸的是，蘋果的董事會站在了約翰·斯高利的那邊。那時史蒂夫·賈伯斯剛滿30歲，在眾人的眼皮下他被炒了。史蒂夫·賈伯斯感覺生命的全部支柱倒塌了，對他來說這真是一次毀滅性的打擊。

事實上，史蒂夫·賈伯斯天生喜歡標新立異，而且是出了名的壞脾氣，這導致他在蘋果裡落得眾叛親離。他獨斷專行的態度也使約翰·斯高利不能忍受。最終約翰·斯高利以離職相要脅，讓董事會炒了史蒂夫·賈伯斯的魷魚。雖然事後史蒂夫·賈伯斯多次向董事會道歉，但最終也不能改變結局。於是他一怒之下賣掉手中所有的蘋果股票，發誓要幹一番比蘋果還大的事業。

史蒂夫·賈伯斯說：「我當時沒有覺察，但是事後證明，我被蘋果炒是這輩子發生的最棒的事情。因為作為一個成功者的極樂感覺被作為一個創業者的輕鬆感覺代替，對任何事情都不那麼特別看重。這種感覺讓我生活得自由，由此也進入了我生命中最有創造力的階段。」

剛開始，史蒂夫．賈伯斯創辦了一家名為*NeXT*的電腦公司，主要業務是開發電腦新技術。1986年，他獨具的商業慧眼再一次幫助了他——他以一千萬美元的價格，從「星戰之父」——美國電影電腦特技之父盧卡斯手中買下了當時狹小的、很不景氣的電腦動畫製作工作室，並成立了皮克斯公司。

皮克斯公司最初只是生產電腦賣給學生，但這並不意味著史蒂夫．賈伯斯放棄了公司原先的電腦動畫製作優勢。幾經困難和波折後，1995年皮克斯公司製作的*3D*電腦動畫片，也是世界上第一部用電腦製作的動畫電影《玩具總動員》面世了。這部*3D*動畫片的橫空出世不僅在市場上大獲成功，而且對傳統的動畫影片產生了巨大的影響。皮克斯公司當年迅速上市，並一舉成為*3D*電腦動畫的先鋒和霸主。

從次以後，史蒂夫．賈伯斯成了影響娛樂界的大鱷，好萊塢開始有了他的一席之地。隨後的《海底總動員》、《超人總動員》等一系列動畫電影的成功，不僅展現了皮克斯無可匹敵的技術力量，更體現出一種生機勃勃、充滿想像力的鮮活動力。雖然它的動畫產量不高，但令夢工廠、華納等競爭對手望塵莫及，更使得成功壟斷世界幾十年的動畫大佬迪士尼顯得舉步維艱。一切正如史蒂夫．賈伯斯所說，他生命中最有創造力的時代開始了。

就在皮克斯如日中天的時候，蘋果卻在新的競爭中江河日下，即便是連換了幾任總裁也無法挽回頹勢。史蒂夫．賈伯斯的機會來了。

由於對蘋果的深厚感情，1996年，史蒂夫．賈伯斯將NeXT公司賣給了急需新技術支持的蘋果，他因此擔任了蘋果公司的總裁顧問。後來他採用了一些計策使得當時蘋果總裁憤然離職，於是他當上了「臨時總裁」。1997年，史蒂夫．賈伯斯再次成為蘋果的總裁。

重回蘋果的史蒂夫．賈伯斯立刻對蘋果進行全面整頓。在他領導下，蘋果在短短的10個月內開發出了一款極具個性化風格、塑膠外殼包裝的iMac電腦。為了設計出獨特的外形，他甚至向糖果公司的包裝專家討教。iMac電腦的出現震驚了整個電腦界，並在市場上大獲成功，沉寂已久的蘋果終於重放光彩。1997年，重振蘋果的史蒂夫．賈伯斯再度登上了《時代》雜誌的封面。1999年底，蘋果的股票價格從1997年的每股10美元飆升到60多美元，史蒂夫．賈伯斯第三次創造了奇蹟。

堅持「個性化」的史蒂夫．賈伯斯繼續推出一系列個性化的電子產品，他對個人用品市場的重視再次引領了IT業產品的革新風潮。但是由於新的消費時尚的變化，蘋果開發的各類個性化電子產品迅速被淘汰。2000年，蘋果出現季度虧損，股價隨之下跌。

在這關乎蘋果存亡的階段，史蒂夫．賈伯斯再度憑藉他的天才創造力和獨到的商業眼光拯救了蘋果：他決定從單一的電腦硬體生產向數位音樂領域多元化轉變，於是在2001年推出了個人數位影音播放器iPod。事實證明，這款多元化的iPod成為蘋果全面翻身的一支奇兵。2004年全球iPod銷量突破45億美元，到2005年下半年，蘋果已經銷售出2200萬台*iPod*數位音樂播放器，而透過它的*iTunes*音樂商店銷售的音樂數量則高達5億首，在美國所有合法的音樂下載服務中，蘋果的*iTunes*音樂下載服務佔了82％。美國《商業週刊》撰文指出：自從2001年以來，憑藉*iPod*，蘋果創造了148％的營收增長。顯然，史蒂夫·賈伯斯已經是數位娛樂時代的領頭人。

讓蘋果與創新成為同義字

1997年，《時代》雜誌的封面上以「重啟蘋果」為標題，再次刊登出了史蒂夫．賈伯斯的照片，這一消息讓人感到興奮，而且這一年蘋果的股票也上漲了33%。後來在與比爾．蓋茲的商業談判中，史蒂夫．賈伯斯為蘋果爭取到了數億美元的專利費和1.5億美元的股權，「與微軟走得更近了」成為那一時刻蘋果的標誌性口號。同年，《哈利波特》第一集出版，史蒂夫．賈伯斯沒有想到買下版權讓*Pixar*製作一部科幻電影，因為當時他唯一的目標是要讓蘋果像耐吉、可口可樂、微軟一樣，成為世界最棒的品牌之一。在後來的三年時間裡，蘋果只推出了兩款真正意義上的新產品——*iMac*一體機和*Power Mac*處理器。

*iMac*一體機剛一上市就引發了一陣熱賣，5個月賣出了80萬台，這是蘋果第一次因一款產品而獲得豐厚的利潤，到了1998年蘋果再次贏利，結束了1993年以來連年虧損的黑暗時期。後來《駭客帝國》全美公映的大獲成功讓*Pixar*加快了電腦特技技術的研發，同年推出的《玩具總動員2》又獲得了近5億美元的票房，之後的《怪獸電力公司》成為史上票房最快突破1億美元的動畫片。*iTunes*音樂商店構思則是來自*Napster*的版權官司，史蒂夫．賈伯斯從那產生出的靈感。1999年，史蒂

夫．賈伯斯又登上了《時代》雜誌的封面，標題是「史蒂夫的兩件工作」，這一年蘋果和*Pixar*的雙豐收真正樹立了史蒂夫．賈伯斯的商業偶像地位，各種關於他的新聞充斥著各家媒體的前三版，讓人不禁回憶起20年前*Apple II*時代。

2000年，無論對於蘋果還是史蒂夫．賈伯斯來說，都是值得紀念的一年。這一年，蘋果的董事會正式任命史蒂夫．賈伯斯為「永久*CEO*」，賦予他完全獨立的管理權。後來，最讓史蒂夫．賈伯斯得意的事情，就是後者重用了*iMac*的設計師喬納森．伊夫，蘋果後來生產的最火紅的產品*iPod*就是他的傑作。

那一年，人們就像中了毒一樣，瘋狂地爭相購買*iPod*。「我負責創造產品，他負責創造文化」，*iPod*的成功在喬納森．伊夫看來應該歸功於不折不扣的創新，這既有功能上和產品上的創新，也有精神和文化上的創新。2002年，《時代》封面上是一台蘋果*iMacG4*電腦，這一次，史蒂夫．賈伯斯成了配角，與此同時，創新成為最熱的辭彙，設計、包裝、功能、外觀、行銷等每個環節都在宣導著創新理念。在媒體鋪天蓋地的報導下，蘋果與創新成了同義詞，而史蒂夫．賈伯斯的每一句話都像名言一樣被人們引用。之後的一年間，*iPod*和*iTunes*席捲全球，蘋果和史蒂夫．賈伯斯幾乎被世人神化。

蘋果推出新產品的速度越來越快，如火柴盒大小的*Mini iPod Nano*、視頻*iPod*和坐在沙發上就可以遙控電腦的*Front Row*。創新已經成了蘋果的原動力，史蒂夫．賈伯斯會以「洗腦」的方式將創新思想灌輸進每個蘋果人的腦子裡，那些不認同他思想的人則會被趕走。「從硬體到軟體，從設計到功能，蘋果的產品全部由我們自己製造，我們可以隨時改變，創新每天都在發生，我們關注產品中的每一項技術，只有這樣才能使每一項創新順利的變為產品。蘋果的創新就在於我們能夠掌握每一個零件。」這就是史蒂夫·賈伯斯對待創新的態度。

保持創新引導世界新潮流

再次領航蘋果的史蒂夫．賈伯斯沉穩了許多，他更加懂得如何把握時機和運氣去發掘自己的創新潛力。他把曾經敗北的*NeXt Step*重新設計了一番，然後改名為「*OSX*」，再配上個性、時尚的*iMac*，很快就在美國市場火紅了起來。但史蒂夫．賈伯斯並沒有對此滿足，一個檯燈激發了他的藝術想像力，他讓工程師把水果糖一樣的*iMac*做成了檯燈的樣子，「燈座」是主機，中間有長長的「燈擎」，平板液晶顯示器在最上頭發出柔和的光。

史蒂夫．賈伯斯在*DVD*技術上大做文章。2000年，史蒂夫．賈伯斯突然覺得在電腦上播放電影是一件很有趣的事，這樣就可以使蘋果電腦具有區別於*PC*的獨特之處，於是他便在高級的*Mac*機上配置了*DVD*播放機，但這次他失敗了。

雖然這次史蒂夫．賈伯斯沒有獲得成功，但他發現用戶需要另一種新功能：他們希望能將自己的文件、圖片、歌曲存儲到*CD*上。其實康柏早就看到了這個市場趨勢，他們在新推出的半數*PC*中都增加了*CD*燒錄機，結果這些機型非常暢銷。最後，史蒂夫．賈伯斯內疚地說：「我在*CD*燒錄機這條小陰溝裡翻了船。」

但是史蒂夫．賈伯斯可不是別人產品的模仿者，他再度選擇做時代潮流的引領者：安裝既能播放DVD，還能存儲資料的驅動器。CD雖然可以存儲電影，但壓縮率較低，如果電影比較長，播放出來的效果就很模糊，還容易產生馬賽克。史蒂夫．賈伯斯決定配置DVD燒錄機，並且還增加了一款新軟體，使得燒錄DVD不再像以前那樣漫長。

這次史蒂夫．賈伯斯大獲成功。蘋果不久便宣佈，配有DVD燒錄機的電腦出貨量已達50萬台。據Gartner集團的調查資料顯示，在蘋果配有DVD燒錄機的電腦出貨總量約60萬台，其中有40萬台由先鋒公司提供，而先鋒公司正是蘋果的主要供應商。

不過，根據以往的經驗，任何一個領先的行業格局不久都會被其他技術和市場打破。後來，戴爾和惠普也開始在電腦上增加DVD燒錄機，並且它們的燒錄技術比蘋果的還要先進，在處理資料存儲和傳輸方面做得更加出色。如戴爾的DVD燒錄機可以在一張DVD碟片上反覆存儲新資料，而Mac不能。憑藉戴爾和惠普在電腦市場上舉足輕重的地位，它們可能將此技術提升為業界標準。除此以外，戴爾依然靠瘋狂的價格擊敗對手，擴大自己的市佔率，它銷售的DVD盤價格只是蘋果的一半。這樣就逼得先鋒和蘋果不得不以降價迎戰，想要在戴爾直銷的利刃下存活下去，確實不是一件容易的事。

不過，蘋果和先鋒也有一個很大的技術優勢。從蘋果Mac機上燒錄的碟片可以在90％的DVD播放機上播放，而戴爾的只能播放60％。考慮到戴爾經過不斷技術改進，也能達到這個水準，蘋果這回加快了出手速度，它將燒錄機升級到先鋒的第二代技術，並致力於把自己的碟片和軟體提升到視頻存儲和編輯的標準，這些功能特別符合專業電影製片人的胃口。

當然，戴爾最終可能會超越蘋果成為*DVD*燒錄技術的領頭羊。但到那個時候，史蒂夫．賈伯斯可能已經著手進行下一項更酷的創新。因為在他看來，電腦行業總是在不停變化，想要不被潮流拋棄，最好的辦法就是引領潮流。

史蒂夫．賈伯斯是當之無愧的科技創新弄潮兒，因為在他骨子裡存續著永不衰竭的創新力。正如蘋果*iPod*部門的副總裁托尼．弗德爾說：「沒有人知道史蒂夫．賈伯斯的盒子裝著什麼顏色的巧克力糖。他從來都不在乎輸贏，在他的腦子裡總是想搞出點新名堂，因為他是史蒂夫．賈伯斯。」

要求產品有「瘋狂的高標準」

史蒂夫．賈伯斯一直被認為是一個喜怒無常的人，並且以「瘋狂的高標準」著稱。他經常會說：「有些業務我們能夠為之，有些則無能為力，但無論怎樣，我都感到自豪。」

「當政」初期，史蒂夫．賈伯斯全然不顧華爾街的滿腹牢騷，大力削減產品種類，把原有的10多個種類削減至4種。他曾要求*iPhone*的團隊用最短的時間拿出不同的封裝設計，而當時產品離面市已經時間不多。他走進公司說：「我不喜歡這個東西。我無法說服自己愛上這個玩意兒。而這是我們做過的最重要的產品。」於是就生產出了我們所見到的*iPhone*。

動畫公司皮克斯製作《玩具總動員》讓史蒂夫．賈伯斯花了一千萬美元，但只是因為他對劇本不滿意，就將工期暫停了5個月。他讓每位員工拿著薪資放大假去了。經過假期的好好琢磨後，他們做出了後來所看到的《玩具總動員》。

這種「停下來」的作風使史蒂夫．賈伯斯在同行業的製造商中毀譽參半，但對消費者來說，他成功的真正秘訣是他有著對普通消費需求的直覺，並且能夠很成功地跟技術結合在一起。

為了讓那些*Windows*用戶盡快適應*Mac*，史蒂夫．賈伯斯決定將蘋果專賣店開在車流密集的區域。在紐約曼哈頓中央公園附近的蘋果旗艦店裡，每天都是人山人海。一些人是在那裡了解產品，一些人在那裡找把椅子看書或休息，或者什麼都不做。事實證明他的做法是有成效的。據媒體報導，在用戶滿意度上，蘋果*Mac OS X Leopard*戰勝了*Windows Vista*系統。

自從2003年*iPod*銷量大增後，蘋果就開始精心地選擇最好的合作者。它與一些小硬體製造商合作，如便攜話筒、音樂播放器外殼廠商等。2004年，寶馬汽車首次在其年度新款車型的儲物小格中加入*iPod*轉接器，隨後克萊斯勒、福特和本田等汽車製造商也加入了這個潮流。然後20多萬家公司與蘋果簽署了協議。70%的新款美國車都配備了*iPod*轉接器，大約10萬個飛機座位也同樣配上*iPod*轉接器。

分身統領蘋果，坐鎮迪士尼的史蒂夫．賈伯斯不斷地追求盡善盡美。對於很多人來說，與他打交道並不容易。史蒂夫．賈伯斯追求的是一種「殘忍的完美」。在蘋果每到週一，史蒂夫．賈伯斯就會和整個管理體系回顧公司的營運情況，包括前一週的銷售專案、每個正在開發的產品，以及那些麻煩纏身的產品。

在史蒂夫．賈伯斯的哲學世界裡，蘋果始終是、也必須是一家能「全盤掌控」的公司。他認為，「對未來消費類電子產品而言，軟體都將是核心技術。」不能只是堅持做作業系統和那些悄無聲息的後端軟體，如*iTunes*。這樣蘋果才不會像戴爾、惠普或索尼那樣，必須等微軟的最新作業系統發佈出來，才能推出新的硬體產品。而且蘋果也不用乾等著微軟著急，它不但可以隨意修改系統，還可以為*iPhone*和*iPod*製作特別的版本。

幾乎每個大項目都有可能被史蒂夫．賈伯斯推倒重來，他的理由是：「這不僅僅是工程學和科學，也是藝術。」他告訴自己不能有其他的選擇，蘋果員工也一樣沒得選擇。用史蒂夫．賈伯斯的話來說：「這輩子沒法做太多事情，所以每一件都要做到精彩絕倫。」

第15章 思科系統公司

約翰· 錢伯斯（John Chambers）

專注於客戶需求

要想理解思科，必須先理解約翰．錢伯斯，因為是他領導了思科的起飛。約翰．錢伯斯1991年來到思科，1995年成為思科的CEO。短短幾年的時間，這個西維吉尼亞人把思科從專注於技術研究的矽谷公司，成功地轉變成一部專注於客戶的市場機器。

美國矽谷的《Upside》雜誌將約翰．錢伯斯評為「數位世界之父」；美國《商業週刊》曾經3次將他評為全球前25位高級企業總裁之一。在《電子商務》雜誌對全球高層管理人士進行的一次民意調查中，他被選為1997年的「年度最佳首席執行長」。他之所以被視為當今世界上最出色企業經理人之一，是因為在他的領導下，思科獲得了前所未有的飛躍式發展。他1991年1月出任思科副總裁時，思科當時的年銷售額只有7000多萬美元，員工也只有300多名；1995年1月擔任CEO以後，他將思科在互聯網工業的地位提升到了十分關鍵的位置，並在世界市場上開闢出了更多的天地。

永遠跟隨著客戶的需求變化

1976年，26歲的約翰．錢伯斯隻身來到加利福尼亞創業，他第一份工作就是在IBM的行銷部門。在IBM的7年中，他親身經歷了IBM因為疏遠客戶、放棄個人電腦市場而逐漸走向衰退的過程。他由此深刻體會到和客戶接觸的重要性。1983年，他加入了王安公司，負責亞洲地區的銷售。但是，王安的兒子掌握公司大權後，逐漸疏遠了和客戶的關係，加上其他原因，公司最終走進了死胡同。之後，王安公司提升約翰．錢伯斯為美國地區總裁，接著又強制地命令他裁員4000人。在公司員工的一片責罵聲中，他痛苦地離開了王安公司。

離開王安公司的約翰．錢伯斯在家裡剛剛休整了兩個月，起步不久的思科系統公司就向他發出了邀請函，請他出任思科副總裁，這回他欣然地接受了。因為汲取了IBM和王安公司的教訓，所以他十分重視與客戶的關係。在思科總部，人們很少見到約翰．錢伯斯，因為他平均每天要會見12位客戶，他40％的時間都在會見客戶的途中。

1991年1月，當約翰．錢伯斯以高級副總裁的身分加入思科的時候，這家公司已經以85.5％的市場佔有額稱霸路由器市場，年銷售額約為7000萬美元。這對於一個成立還不到7年的公司來說，已經是可喜可賀的成績了。但對思科來說，有一個很重要的問題，即產品線極為單一，只有路由器。

就在這個時候，他們發現了互聯網。思科的成功和互聯網行業的共性有著不可分割的聯繫。互聯網產業代表著第三次工業革命，它的第一次工業革命用了100年，而第二次工業革命只用了10年。所以在互聯網帶來的一些新的商業領域，它們的增長速度都非常快，大概每年增長30％～50％。這些領域既包括用互聯網改造的傳統商業，也包括像思科這樣的新創造的商業機會。

但約翰·錢伯斯更願意把這次市場轉型歸功於他的客戶。在加入思科之前，約翰·錢伯斯在*IBM*和王安實驗室分別工作了6年和8年，在他看來，正是由於忽略客戶的意見，*IBM*一度沉迷於大型主機，而王安實驗室過於依賴微型電腦，導致他們錯過了技術轉型的大好機遇。「如果你能以正確的態度傾聽客戶的意見，他們會告訴你長期內市場變化的走向，他們能幫助你建立自己的產品或成為某個領域的領導者。」約翰·錢伯斯說。

約翰·錢伯斯也許是眾多高科技公司中最重視客戶的總裁。在擔任思科總裁後召開的第一次董事會上他遲到了，原因是他的客戶打電話給他；他每天晚上都會查看當天的客戶回饋重點彙報。1993年，約翰·錢伯斯去拜訪思科最大的一個客戶——波音公司，該公司的網路經理告訴他，波音準備採用區域網交換機，因為他相信區域網交換機將取代智慧集線器，而網路的未來將是路由器和交換機的結合。

這次拜訪完全改變了思科。從波音公司回來後約翰·錢伯斯決定，既然客戶需要的是轉換器，思科就要為顧客提供這一產品。如果思科生產不了的話，那就買。隨後，思科先後收購了格里多通信公司、卡爾帕納和格蘭德結點網路，覆蓋面從高端到低端的整個交換機市場。接著，1996年有客戶鼓勵約翰·錢伯斯建立一種端到端的業務，於是一連串暴風驟雨式的收購展開了，約翰·錢伯斯把思科變成了一家提供全套網路產品的公司。

約翰·錢伯斯又成了互聯網先生，滿世界宣講互聯網的功能。與此同時，思科快速的成長使它在2000年一躍成為全世界最有價值的公司，甚至超過了年收入5倍於思科的GE。在經歷了互聯網的盛極而衰和起死回生後，思科依然領跑高科技行業，而且它又醞釀起新的轉型。

很多公司關注客戶的需求往往只是一句口號或是短時期的滿足，這是因為客戶的需求在一定時期內的變動非常迅速，這樣就致使那些追逐客戶需求的公司不得不走向多元化。思科走過的就是這樣的一條路——從單一提供路由器到進入25個領域並且對另外25個領域也「虎視眈眈」。同時，為確保多元化不會發展成沒有重心的一盤散沙，約翰·錢伯斯還從通用電氣的傳奇總裁傑克·威爾許那裡學來了約束多元化的條件：在進入的每一個市場裡，思科的產品必須佔據第一名或第二名，否則就退出市場。

思科十年間一直都在調整經營的方向。在過去10年，思科一直追逐著客戶需求方向。客戶向什麼樣的技術和產品轉移，思科就向什麼樣的技術和產品轉移。這就是思科為什麼會在10年內7次調整方向的原因，也是它能從一個單一生產路由器的公司變成一個生產25類網路通信設備的公司，年銷售額隨之從7000萬美元增長到170億美元的原因。

十年前人們只是把思科看作一個網路設備公司，現在人們開始把思科看作一個通信基礎設施公司。約翰·錢伯斯認為，在一個變化如此迅速的行業中預言五年後的事情是不可能的。他一直在想：一年、兩年或者三年內，思科應該置身何處。

「這是互聯網的節奏，平均每隔一年半左右的時間，行業的風向就會轉一次。在思科，我們只是技術不可知論者。我們要做的，就是追隨客戶的風向。」約翰·錢伯斯說。

授權、期權、人情味

直到今天，約翰．錢伯斯仍以成長過程中培養的家庭價值觀為榮。他和他的父親是好朋友，而他為了參加女兒的生日晚會竟然取消了與柯林頓的會面。在思科，約翰．錢伯斯同樣善於營造一種和諧、平等、與人分享的企業文化氛圍。約翰．錢伯斯之所以受到所有員工的喜愛，更多的是他的個人魅力和管理制度上的原因。

「如果在其他公司我也會是一名*CEO*，但因為錢伯斯我留下來了。」霍華．查爾尼說。查爾尼曾是一家著名公司的創始人，後來公司被思科收購。查爾尼說：「這裡有很多人可以去建立自己的公司，也有很多人曾經有自己的公司，約翰與我們完全平等。假如他像對待下屬一樣對待我們，我們可能早就離開了。他聽取我們的意見，給我們權力和資源，然後給我們一個高得難以置信的銷售目標，使我們始終面臨挑戰。他有一種不可思議的力量，使我們團結在一起。」

人情味的確是約翰．錢伯斯的管理絕招。濃厚家庭親情的薰陶和很多困難的經歷，使得約翰．錢伯斯養成了細膩、敏感的性格，他讓員工感到真誠，值得信賴。他的管理心得是：提供一份不至於讓人心灰意冷的薪水和一個令人快樂的工作環境。在現實基礎上，把工作目標定得盡可能高一些，因為這也是讓人樹立信心、改變世界的基礎。作為一個企業的領導者，必須創造一個積極向上的人際關係。他經常會帶一些可口的糖果去思科的各個部門與員工聯絡感情。「我發現這真的是一個有效的辦法。如果是為了薪水和晉升，即便人沒有去看他們，他們也會同樣努力，但那樣的話員工會認為自己只是受雇用者，而不是企業的參與者。在思科，任何一名員工都可以直呼我約翰。」

約翰·錢伯斯認為，像思科這樣一個固定資產幾乎可以忽略不計的公司，員工才是最有價值的資產。思科股票上市後短時間內上漲了一千倍，於是他們建立了狂熱的期權文化。思科的薪資水準並不是很高，約翰·錢伯斯和其他最高層管理人員的年薪大約是30多萬美元。但如果加上期權的話，約翰·錢伯斯年收入就會超過1億美元，在美國1999年十大收入最高的CEO中排名第五。思科前500名的高級經理每人的年總收入在1000～4000萬美元之間。

思科採用的全員持有期股是其他公司很少採用的模式。約翰·錢伯斯認為這種形式實際上是資本主義的終極形式。這是一個將公司的目標與員工的目標合為一體，並讓員工分享和分擔公司的成功和挑戰的非常獨特的資本主義方式。這種方式非常有效，而大多數公司不喜歡將期權分配給所有員工，他們只會給公司的最高層發放期權。「如果我願意，我可以獲得比目前多10倍的期權，也可以不與我的員工分享，但這不是我們的做法。」約翰·錢伯斯說。

思科期權方案的設計與其他公司極為不同。思科的期權一般需要4～5年的執行期，這是為了避免那些只想工作一兩年的人所帶來的麻煩。除此之外，思科的員工幾乎每年都能以期權的形式獲得差不多5％的公司股份。思科每年都會發放期權，只要員工抱著長期的預期，短期市場波動並不重要，重要的是股價在3年、5年甚至10年後的表現。

互聯網不但改變了思科的一切，它也使虛擬製造、降低庫存等成為可能。思科82％的客戶訂單透過網上下達，85％的客戶支援透過網路進行。思科每月都會收到2萬份透過網路發來的求職信。思科能在24小時內做出財務結算等。所有這些都是透過互聯網進行的，互聯網的應用替思科每年節約6億美元，這比許多競爭對手的研發預算還要多。

更重要的是，由於充分運用互聯網，這就使得全球範圍內每個競爭領域的成本、贏利及資料資訊變得透明，思科能夠充分授權，員工可以快速決策，而這些決策在以前只有CEO或是財務總監才能做出。一線經理能夠在每個季度結束後的第一個星期就知道，為什麼原定目標未能達到，是因為網路問題、零部件問題還是因為競爭加劇，極大地提高了效率。結果思科每位員工平均所創造的收入高達70萬美元，而傳統的其他公司員工只有22萬美元。

互聯網的秘密就在於授權，而思科的秘密也在於授權，正如約翰·錢伯斯所說的：互聯網改變了思科的所有方面。

以收購的方式進入市場

由於市場的變化永遠比自身研發的速度快，因此在進入每個市場後，佔據前兩名的位置十分重要，於是思科採取以收購的方式進入新市場的策略：收購新市場中富有潛力的公司，收攏其技術和人才，並迅速推出新產品。追逐客戶需求變動、細分市場策略、以收購進入新市場構成了思科的核心發展策略，而收購更成為思科發展策略核心中的核心。自1993年以來，思科投資400億美元左右，共收購了60多家企業，收購成為思科的「商業流程」。市場目睹了思科持續的高成長、高股價、高價收購的正回饋。

通常網路設備新一代產品研發的週期是18～24個月，這樣收購就可以贏得半年到一年的時間。速度意味著銷售收入、市場市佔率和利潤。當然，吸引思科的是那些擁有最新技術、離新產品的推出還有一年左右的小公司。思科利用這一段時間把被收購公司的產品整合到思科的產品系列當中。這樣不但可以充分利用思科的品牌，使得銷售力量和市場佔據主導地位，而且能將這種技術的優勢發揮到極致。這種戰略成效十分顯著，它如旋風一般地佔領了15個不同領域的市場。

截至2001年的7月，思科共收購了61家公司，付出了幾百億美元的代價，而僅2000年一年的時間就以收購或換股併購的方式兼併了22家公司。在轉向IP電話網路業務之後，思科又開始收購軟體和生產數據機的公司。在這些交易中，除了現金交易外，他們還使用思科股票。總之，「顧客需要，我又沒有，就去買吧」成了思科收購活動的一個標準。

在思科收購的所有公司中，生產光纖設備的Cerent公司是最具傳奇色彩的。1999年，當遇到這家公司的CEO羅素時，約翰．錢伯斯便單刀直入地說：「請告訴我，需要花多少錢才能把你的公司買過來？」羅素也很風趣地回答他：「請告訴我，需要花多少錢才能使你放棄這個想法？」然而，最終思科還是以價值69億美元的思科股票收購了這個當時兩年才一千多萬美元銷售額的小公司。因此有人形容約翰．錢伯斯「像一匹來自矽谷的狼，不斷地搜尋適合兼併的獵物」。

約翰．錢伯斯說：「從剛開始選擇把收購作為思科的發展策略開始，我們就已經知道一個令人擔憂的事實，絕大多數的高科技公司的收購都失敗了。如北方電信收購eBay、朗訊收購Ascend，它們都經歷了一段艱難的掙扎過程，而最終的結果是被收購公司的管理層和關鍵的技術人員全部離去。所以，如果我們不採取其他辦法的話，最終的結果也會一樣。」

其實思科成功的辦法很簡單，就是他們在收購每一家公司前都會仔細想清楚：收購這家公司獲得的是什麼，並不惜一切代價捍衛它。當思科收購一家公司時，它所支付的價錢如果平均給每名被收購的員工的話，每人可以獲得50～2000萬美元。對於思科來說，他們想收購的就是員工，以及下一代產品，並盡一切努力保護這些東西。

但思科絕不會收購路由器公司，因為他們自己有能力製造出更新、更快、更大的路由器。他們只是在準備進入區域網轉換器市場時才收購*Crescendo*，以它為基礎搭建自己的區域網轉換器業務。同樣，思科收購*Cerent*公司，是為了搭建思科的光學通信設備業務。在思科看來，收購是進入新的市場機會的插入點。

對於思科來說，收購已經成為其核心競爭力，雖然思科大多數產品仍然是在其內部研製開發的，但相對於其他高科技公司來說，思科還是這個行業內最擅長收購的公司。

即使大家把約翰·錢伯斯形容為商業市場的狼，但他的成績是有口皆碑的，矽谷的同仁更是心悅誠服。惠普前總裁兼*CEO*普萊特（*Lew Platt*）說：「約翰值得我尊敬，因為是他將一個年輕的小公司發展成一個優秀的大企業，他太棒了，他收購了很多公司並讓它們在思科這把大傘下成功地運轉起來。」

提前佈局的戰略眼光

2007年4月6日，考慮到中小企業和消費性市場的重要性，思科以重金拉來了全球經銷商。它花費鉅資在美國拉斯維加斯的威尼斯酒店召開盛會，邀請了很多思科的競爭對手，像阿爾卡特、朗訊、3Com等世界知名的通訊公司，同時在這個能夠容納一架空中巴士4300型客機的會場裡，還有來自全球上百家媒體以及三千多名經銷商。10年前，思科的營收只有前12個大對手總和的七分之一，而如今，全球前15個大對手的營收加起來都沒有思科的一半。約翰．錢伯斯驕傲地對台下說：「我們的成功是因為我們能看見市場的重大轉變。而你們（指他的競爭對手），正是因為忽略了市場的改變才會衰落的，如果你們現在還不改變，就只有等待被迫改變。」

但是，約翰．錢伯斯並不是一直如此趾高氣揚。兩年前思科投資光纖市場導致虧損，在美國矽谷的思科總部，約翰．錢伯斯在面對媒體和分析師的見面會上被所有人批評得體無完膚，隨後思科的股價便一蹶不振。見面會結束後，約翰．錢伯斯滿臉沮喪，匆匆離開了會場。

但，現在的約翰．錢伯斯就像是換了一個人似的，同樣是面對媒體和分析師，他不但主動拿自己開玩笑，還對分析師說：「歡迎你們隨時挑戰我的看法。」

思科像這樣的翻身事件不僅僅只有這一次。2000年5月，在互聯網股票泡沫的前一刻，思科的股價還一度漲到了79美元，但隨著互聯網的頃刻間崩盤，思科的股價一路下跌，到了2002年10月的時候，思科股價已經跌到了9美元。

面對這樣令人擔憂的境地，約翰·錢伯斯並沒有灰心喪氣，他開始精心佈局網路視頻服務。這個原本不被人看好的技術，經過約翰·錢伯斯6年的潛心佈局便因*YouTube*的興盛使得市場前景廣闊無比。思科對手易立信立即奮起直追，想以併購相關公司的方式搶佔市場，卻不料被思科早已佈好的專利競爭門檻所阻擋。思科推出超高畫質的網路視頻產品——網真，並把這個新興的技術產業握在了自己手裡。

2005年11月，約翰·錢伯斯又看中了當時非常冷門的網路影音產品，並向別人借錢收購了有線電視機上盒大廠科學亞特蘭大（*Scientific Atlanta*，簡稱*SA*）。2006年6月底又出重拳，投資網路電視公司*Akimbo*，不料換來的卻是華爾街大亨們的不信任票，思科股價一個月內跌幅達10％。然而5個月後，約翰·錢伯斯獨到的眼光再一次被市場所證明。在*YouTube*帶動網路影音應用的影響下，思科的營收不但超出了華爾街的預期，它的股價也迅速從2005年的17.2美元竄到了28.9美元。把握領先趨勢，善於改變未來，正是思科維持高毛利和營收成長的關鍵因素。

2007年初，約翰·錢伯斯就馬不停蹄地提前佈局，搶攻下一輪網路成長大潮，因為他相信：*Web2.0*是10年來唯一的一次大改變。

這個*Web2.0*是指一個不再由中心控制所有溝通和協調的新型合作模式，它集合了所有成員的個體貢獻，因此會產生比傳統由上而下的組織更大的力量。*YouTube*就是集合了全世界的短片，最後打敗了美國的三大電視網，成為全球最大的影片平台。

約翰．錢伯斯解釋，在*Web1.0*的時代，企業是作為一個核心來控制整個企業組織的，每個人都得等待核心的指令才能行動。但在*Web2.0*的時代就不是那樣了，每個人能透過網路直接和其他同事或個人合作。因此，人和人之間的合作網路化後，不但會改變人們的工作方式，還會改變公司的內部組織。同時，消費者也不會再關心他們用的是什麼技術上網，他們關心的是有什麼新的服務模式，使他們和別人能夠更加便捷地合作，提高工作效率。在美國，30％的工作人口進入網路時代，他們使用*Web2.0*的模式合作就像是呼吸空氣一樣自然。

*Web2.0*對思科而言，代表著網路產業的新動向和新商機，因此約翰．錢伯斯說：「思科現在要從網路設備公司變成以消費者和服務為中心的公司。」他認為，網路的未來發展走勢，將是把固定網路、電話、無線網路、視訊等很好地融合在一起，並且他把這樣的四合一服務組合叫做「*Quad Play*」。

「網路通訊走向整合的時代已經到了。」約翰．錢伯斯充滿自信地說。因為思科這家原本只是靠技術發跡的網路公司，突然發現技術不再是搖錢樹，整合與服務才是。

第16章 通用汽車公司

艾爾弗雷德· 斯隆（Alfred P. Sloan）

績效成就企業壯大

艾爾弗雷德·斯隆畢業於麻省理工學院，美國著名企業家，是一位傳奇式人物。他的父親1898年花了五千美元買下一家小型滾珠軸承廠，交給他經營。20年後，艾爾弗雷德·斯隆又以1350萬美元將滾珠軸承廠賣給了杜蘭特，從而加盟了通用汽車。

艾爾弗雷德·斯隆被譽為美國第一位成功的職業經理人，在通用汽車擔任營運副總經理3年後，於1923年，升任為通用汽車的總經理和第8任總裁。當時通用汽車正面臨著解體，形勢岌岌可危，艾爾弗雷德·斯隆可算是臨危受命。作為一名在管理與商業模式上創新的代表人物，美國《商業週刊》創刊75週年時，艾爾弗雷德·斯隆獲選為過去75年來最偉大的創新者之一。從此以後，艾爾弗雷德·斯隆的企業管理理念影響了無數世界級的企業。

生死邊的稻草——「大即是好」原則

在艾爾弗雷德·斯隆剛剛加入通用汽車的時候，正值通用汽車陷入了重大的危機。由於它的營運和財務控制力度不夠強，導致了現金長期無法周轉，生產線隨之也變得十分混亂。於是，艾爾弗雷德·斯隆深入到企業內部進行分析研究，尋找一個好的方法來解決通用汽車面臨的問題。

艾爾弗雷德·斯隆始終堅持「大即是好」的原則，最終在生死存亡的邊緣把通用汽車拉了回來。他認為，所有獲得成功的企業都會成長，而通用汽車的成長靠的是有效率的成長。然而，艾爾弗雷德·斯隆最大的成就並不在於他將瀕臨破產的通用挽救了回來，而在於他建立了一些很有影響力的企業原則。即便是經過了半個多世紀，艾爾弗雷德·斯隆的企業原則依然被視為其他企業的楷模。在艾爾弗雷德·斯隆成功改造通用汽車的25年後，亨利·福特的孫子活用艾爾弗雷德·斯隆的企業原則，才使得福特重振雄風。之後又有更多企業引用艾爾弗雷德·斯隆的企業原則，使他的企業原則逐漸成為企業界的標準：

1·專業人員不會只是根據自己的偏好或意見做決定，他們會根據事實做出決策。

2·如同其他行業，經理必須將客戶的利益放在第一位考慮，然後再考慮自身的利益。正是對顧客負責任，才凸顯出了專業人員的本色。

3．專業經理的工作不是要自己必須喜歡某人，也不是去改變某人，而是要想方設法讓自己的員工在工作上發揮他們的長處。

4．不論你是否贊同某個人或某個人的工作方式，這都不是重要的，重要的是這個人的工作績效。這點是專業經理人唯一需要注意的事。

5．意見不合，甚至發生衝突，是必然的，也是非常需要的。如果沒有意見紛爭和衝突，就不能深刻理解企業規劃；如果沒有深刻理解，做出的決定必然是錯誤的。

6．領導力不是魅力，更不是公關或作秀。領導力是績效、執著與值得信賴。

7．專業經理人等於僕人。經理職權不賦予特權，但賦予責任。

制勝的利器——創新的管理理念

艾爾弗雷德·斯隆認為，企業要想取得勝利，就得創新企業的管理理念，必須向顧客提供優於競爭對手所提供的服務，必須做一些競爭對手不能或不敢做的舉動。如果只是一味地防守而不是積極主動地去改變競爭的狀態，最終失敗的就是自己。商業市場，靠品質、技能和市場壁壘長期保持競爭優勢的日子早已一去不復返了。

市場管理

艾爾弗雷德·斯隆主張以不同價格的車型來滿足具有不同購買力的顧客；每年要變更車型來刺激顧客需求；增加汽車的色彩種類；採用舊車折價購買新款車的辦法；強調高級車是以品質取勝而不靠低廉的價格；建立適合顧客分期付款購車的融資機構等一連串做法。這些做法在今天已是司空見慣，而它們的創始人就是艾爾弗雷德·斯隆。

艾爾弗雷德·斯隆一反將其他汽車經銷商看成利潤爭奪者的敵對態度，而是以戰略夥伴的角度來看待他們，確定雙方共生共榮的關係，盡量使其有利可圖。他經常到全國各地的通用汽車經銷代理走訪，實地了解他們的需要，傾聽他們的意見。這種高層領導親自深入基層的做法在當年是絕無僅有的。

企業組織管理

艾爾弗雷德．斯隆在企業組織結構上的能力是他聞名於世的主要原因。通用汽車的創始人威廉．杜蘭特在任的時候，幾個子公司各自為政，統籌管理或虧損由總公司包攬，但利潤子公司擅自截留拒絕上交。艾爾弗雷德．斯隆接任後，決心改變這種失控的局面。他依然堅持採用子公司分散決策、獨立經營的方式，既放且收，相得益彰。他的改革核心是將公司政策制定和政策落實相分離：制定的許可權歸通用汽車總部決策委員會，落實由各子公司自由操作。而兩者的交結由「營運指導委員會」來協調，委員會的成員由子公司的經理和決策委員會成員共同組成。除此之外，他還設立財務委員會負責財務決策，其成員絕大部分是由外部董事來擔任。因為他們可以保持中立無私的態度，以此來確保投資效益和重大投資能夠按通用汽車總部的戰略方向進行。艾爾弗雷德．斯隆掌控撥款委員會，集中處理投資方面的工作。

日常運作管理

對於日常運作，艾爾弗雷德．斯隆採取的是精細管理控制的措施，制定指標，然後加強對工廠投資、流動資金、存貨的控制，對生產、銷售和贏利做定期預測。他非常重視預測，並引用了一連串方法來改進預測結果。而他在決策時常也會留點空間以備隨時調整，因為他明白預測是無法避免失誤的。

技術研究管理

對於一個企業來說，技術領先就是它的命脈，艾爾弗雷德．斯隆很重視技術的研究開發。在他的宣導下，不但通用汽車的各子公司組織了各自的研究力量，通用汽車總部還設立了專門的研究機構，除了應用型的，也支持基礎研究。艾爾弗雷德．斯隆一直認為，基礎研究早晚會有益於社會及贏利目標的實現。他的這種思想在當年的私人企業裡也是極為少見的。

戰略管理

艾爾弗雷德．斯隆認為培養競爭對手是競爭管理中很重要的一點，但是對於那些初接觸競爭管理思想的人來說，這一點是十分荒謬的。因為通常來說，競爭對手越少，企業的發展越容易成功。但對於通用汽車來說，卻是一個競爭戰略選擇問題。

「培養競爭對手」的基本思想內涵是：承認競爭對手的存在，鼓勵競爭對手的發展，把自身的發展建立在競爭對手的發展之上。換句話說就是，學會培養競爭對手，就是要學會欣賞競爭對手，學會安撫競爭對手，學會與競爭對手合作。因為對於企業，欣賞競爭對手是一種競爭的氣度，安撫競爭對手是一種競爭的修養，與競爭對手合作則是一種競爭的手段。

艾爾弗雷德．斯隆根據通用汽車的自身情況，制定了一套完善的競爭戰略。它不但對通用汽車受用，對其他的企業也產生了深刻影響。

1. 成本領先戰略

通用汽車努力減少生產及分銷成本，使產品價格低於競爭者的價格，以此來提高市場佔有率。

2.差異性戰略

通用汽車努力創造較之其他企業差異性大的產品線和行銷專案，使通用汽車的產品及其行銷服務別具一格，成為同行業中的佼佼者。

3.聚焦戰略

通用汽車集中力量投放在某幾個細分市場，而不是將全部力量均勻地投入整個市場。其中聚焦包括成本聚焦和差異性聚焦。

廣泛交流，傾聽意見

艾爾弗雷德·斯隆在通用擔任總裁40年裡，親自篩選公司上上下下的意見，不但增強了員工對他的信任，而且他那種善於傾聽意見，以及不固執己見的態度，對通用汽車上下級的交流方式產生了很大影響。

民主做出決策

在美國汽車產業界裡，通用汽車的創始人威廉·杜蘭特獨裁而專制的管理風格是出了名的。他做出決策時，既不與其他人商討，也不看研究報告，更不會研究銷售情況，他甚至從來都沒有和委員會做出過集體決策。

在威廉·杜蘭特任職期間，通用汽車的首腦們曾經開會，決定在底特律買塊地皮蓋一棟辦公大樓，用作通用汽車的總部。很多人都表示應該在底特律的市區選擇一個位址來修建，但當時作為威廉·杜蘭特下屬的艾爾弗雷德·斯隆建議選在市郊，因為他認為市郊的地皮會更便宜一些，而且很多員工也住在市郊，這樣對他們上班來說也是很方便的。威廉·杜蘭特聽了艾爾弗雷德·斯隆的意見後，便授意他買下這塊地皮，但威廉·杜蘭特連價格都沒過問一下。這次搬遷的歷史意義十分重大，因為很可能會是通用汽車的總部，但威廉·杜蘭特在做出決定時，就像買普通的生活用品一樣隨便，根本不去分析房地產市場、稅金和位置的可變因素。他獨裁、隨性的管理風格和個人操縱決策的做法，讓原本沉默寡言的艾爾弗雷德·斯隆也感到十分不滿，後來他也因此在通用汽車遭受排擠。

所以艾爾弗雷德·斯隆接任通用汽車的總裁後，首先做的就是鼓勵員工及時提出異議。他的目標是要使通用汽車的內部氣氛更加民主，以便聽取員工的意見，更好地推進企業的發展。

聽取不同意見

威廉·杜蘭特離開通用汽車後，通用當時的董事會主席杜邦繼任公司總裁，艾爾弗雷德·斯隆任執行副總裁。杜邦曾經讀過艾爾弗雷德·斯隆的《組織研究》，他對艾爾弗雷德·斯隆富有條理、行文簡明的風格留下了深刻印象。艾爾弗雷德·斯隆在通用汽車鼓勵自由交換意見，得到了杜邦的大力支持。

在當時的通用，查爾斯·凱特林開始實驗風冷發動機，他希望以此替代水冷發動機，進而使之成為汽車產業的標準。在汽車產業形成發展的那些年裡，有一批機械大師和科學巨匠行走在該產業的前沿，查爾斯·凱特林就是其中的傑出代表。

水冷發動機需要精細的水管系統和水箱，因此在理論上，風冷發動機似乎更高效且成本較低。但在將風冷發動機試用到生產線上的幾個月前，艾爾弗雷德·斯隆對此持懷疑態度。用艾爾弗雷德．斯隆的話來說：「這是用一種全新的系統進行賭博。」艾爾弗雷德．斯隆認為，像這樣徹底而激進的改革，應當先做嘗試，然後再逐步引用到汽車生產線上，而且應該拿價格最低的雪佛蘭汽車嘗試。但這次他所在的執行委員會和一向支持他的杜邦都更傾向於冒險改革，下令停止生產所有水冷發動機。

後來，將風冷發動機裝配在新型雪佛蘭汽車的決策被證明是一場災難。3年後，雪佛蘭分公司收回所有裝配風冷發動機的汽車。由於艾爾弗雷德．斯隆堅持反對意見，執行委員會最終放棄了這項發明，並停止生產這種新型發動機。由於工作成果化為烏有，查爾斯．凱特林遞交辭呈，並請求將風冷發動機技術帶至其他汽車生產商那裡。

在艾爾弗雷德．斯隆繼任通用汽車第8任總裁時，有件事情再次證明了他的卓越才能。他採用了一個明智的方法，就是盡可能地安撫那些對公司決策持不同意見但又被事實挫敗的組織成員。他說：「我的任務是協調凱特林先生對新想法的熱情和現實之間的反差。」

美國當時的汽車市場經歷了一段銷售繁榮期。通用汽車必須集中全部精力，去滿足市場對水冷發動機不斷增長的需求。於是艾爾弗雷德．斯隆將代頓電子工程實驗室遷至底特律，在那裡，查爾斯．凱特林是通用汽車研究所的主要負責人。這個新組建的研究所比他過去的實驗室更大。在那裡，可以邀請查爾斯．凱特林隨心所欲地進行關於汽車的任何實驗，而不受通用汽車內部任何分公司或財務機構的約束。

這樣優厚的全權委託條件，任何發明家都無法拒絕，查爾斯·凱特林也不例外，於是他帶著他的團隊遷至底特律。艾爾弗雷德·斯隆總是言出必行，他使查爾斯·凱特林擁有無限研究的自由。然後在查爾斯·凱特林的實驗室裡誕生了兩項發明——乙基汽油和用於冰箱的氟利昂液化氣。這兩項發明是20世紀上半葉最為成功、利潤最高的兩項發明，它們為通用汽車帶來了數以百萬計美元的利潤。

艾爾弗雷德·斯隆始終堅持鼓勵員工提出異議的政策，這使他在發動機之爭中能聽到各個方面的意見。據了解，他在第一個據理力爭的戰役中獲得勝利後，同樣包容持反對意見的一方，甚至允許他們在會議上和報告裡宣揚他們自己的立場。最終，艾爾弗雷德·斯隆用一個明智的方法撫慰了灰心的查爾斯·凱特林和他的研究團隊，彌補了公司與研究團隊之間的裂痕，取得最後的勝利。

協調意見矛盾

艾爾弗雷德·斯隆總是鼓勵員工提出不同意見，所以通用汽車的中層主管都勇於提出對決策的異議，即使面對最高管理層，他們也不會擔心這種行為會危及自己的職業生涯。

從之前發動機之爭中，艾爾弗雷德·斯隆得出一個慘痛的教訓：如果部門之間沒有溝通與協調好，公司的運行就會有麻煩。所以他認為，要想使通用汽車的子公司意見達成一致，最好的方法就是召開公司會議，並讓所有持不同意見的人全部出席。他的想法是，將眾多的分歧集中起來，讓每個人了解不同的想法和產生這種想法的理念。於是，他要求各分公司負責人要定期召開會議，並且要求工程設計、製造生產和市場行銷部門的負責人也一併出席。如果一位工程師想要在汽車上增加一個零部件，他要先到生產部門去諮詢一下這一做法的可行性，然後還要去市場行銷部門了解，增加這一部件的造價可能會對價格產生什麼影響。

艾爾弗雷德·斯隆不希望通用汽車內部產生任何矛盾，因為矛盾會破壞公司的平穩營運。在他擔任通用汽車總裁期間，創立了很多特別委員會，定期和不定期地召開圓桌會議，以滿足各種需要。他強調，這些委員會必須有做出決策的權力。但是在實施這些決策前，委員會要聽取各個委員的不同意見。

知人善用，力求公平

艾爾弗雷德·斯隆立足於人性的管理哲學，使得他在通用汽車內部的人際管理協調得非常好。艾爾弗雷德·斯隆善於溝通，他經常把自己的想法、策略和運作方向灌輸給各層經理，力求與他們達成共識。艾爾弗雷德·斯隆激勵員工的本事很大，常常是身體力行，率先垂範。如通用汽車的退休金和工保等制度和基金的建立均領先於全國同行業，經理人員的紅利分享制度也能切實地得到落實。透過這樣的福利保障政策，他自上而下地爭取到精誠協同、盡心盡力的合作。而當年的老福特只是不斷地抱怨員工：「我雇用的不就是你的一雙手嗎？」這樣的話讓員工感到十分沮喪。他們覺得自己不必有自己的頭腦和感情，只須聽命出力就行了。

艾爾弗雷德·斯隆十分善於用人，他的手下總是能集結一批充滿活力、積極進取的精英。他總是花費大量的時間和精力來做人事決策，他認為，花費幾個小時來討論一個職位的人選問題並不是在浪費時間，因為一旦選錯了人，就要花費幾個月的時間來收拾殘局。所以，管理人員在通用汽車的高層工作會議上總是會用大部分的時間來討論各個部門的人事決策。

艾爾弗雷德·斯隆一生中很少迅速決定某個人的人事安排，即使有少數幾次迅速的人事決定，也是憑藉他在識才、選才方面的深刻洞察力決定的。通用汽車下屬企業凱迪拉克公司的主管德雷斯塔特正是艾爾弗雷德·斯隆憑藉他在識才、選才方面的深刻洞察力決定的人事安排。20世紀30年代，美國經濟大蕭條，凱迪拉克汽車連連虧損，當時的企業高層包括艾爾弗雷德·斯隆正在開會討論是否應該放棄這個部門，這時德雷斯塔特突然闖入會議室，他要求高層能給他十分鐘的時間，讓他介紹一個用一年半時間就可以使這個部門轉虧為盈的方案。在會的高層都為他的魯莽感到震驚，然而艾爾弗雷德·斯隆十分欣賞他的責任感、主動性、勇氣和想像力。當即決定將德雷斯塔特提升為凱迪拉克公司的主管。事實證明，在德雷斯塔特的全面掌控下，不到一年凱迪拉克便起死回生了。這就是艾爾弗雷德·斯隆的成功秘訣。

艾爾弗雷德·斯隆很善於傾聽其他人的意見，比如每次開會的時候，他總是先聽其他與會人的意見，在聽完所有人的意見後他才會發表自己的看法，最後才會做出決定。有一次，通用汽車要選新的總裁繼承人，艾爾弗雷德·斯隆在新人選定後才透露出他心目中的人選，但是與主管委員會選定的並非同一人。為什麼他不在決定之前就向其他人透露呢？因為他擔心因自己的想法影響主管委員會的決策，所以他先把決定權完全交給了高級主管委員會。他認為，如果繼任者只是由現任者指定的話，最後新的繼承者將只是一個二等的複製品。

艾爾弗雷德·斯隆是一個喜歡交友的人，他尊重通用汽車的每一名員工，但同時他又注意與員工保持距離。他深知通用汽車的高級主管管理風格迥異，各具特色，他為充分啟發每一個人的積極性，挖掘出每一個人的潛力，故意把自己孤立起來不與任何人建立個人關係，因為他不想以個人的好惡影響他們對企業經營的決策。

第17章 希爾頓飯店

康拉德· 希爾頓(Conrad N.Hilton)

建立行業新指標

康拉德．希爾頓1887年出生於美國新墨西哥州，他父親去世後，只留給年輕的他5千美元的遺產。希爾頓用這筆錢在德克薩斯州開了一家小旅館，他每天晚上都要去火車站接客，還要親自為顧客端洗腳水、餵馬。經過多年的辛苦經營，這位商界奇才的資產就像滾雪球一樣，變成了幾百億美元。而他成功的秘訣就是他信奉「微小是一種力量」，它能給客人帶來無限的溫馨和信心。後來，他成為世界旅館業大王，一個精力充沛而又踏實能幹的實業家。他所創立的國際希爾頓旅館在全球已經超過了200家，資產總額達到了10億美元，每天接待數十萬的旅客，年利潤達到數億美元。

在康拉德．希爾頓看來，管理要隨著時代的進步而進步，這樣，企業的發展才能適應社會的發展。希爾頓飯店不斷取得成功的基礎在於，科學預測飯店業發展的大趨勢，展開集團化經營和連鎖經營，建立飯店業的戰略聯盟。用簡單的幾個字來概括就是：靈性、韌性。

全系統的管理模式

希爾頓飯店能獲得如此大的成功，很大程度上得益於希爾頓本人所創建的全套系統的管理模式。希爾頓成功的秘決表明，一個好的酒店管理制度可以造就一家好的酒店。

希爾頓要求，全國各地不論是哪所希爾頓飯店，它的服務都必須做到高效率、快速敏捷和周到無誤，這樣才能滿足旅遊者的快節奏步調和頻繁活動的規律。為此他制定了六項服務規定：

1. 工作標準的規定

希爾頓總是不厭其煩地問自己員工：「你們今天努力了嗎？」這促使了希爾頓飯店的每個工作人員都要嚴格要求自己。

員工經常反問自己：「我的崗位是什麼？我的具體任務是什麼？我的工作量每天應該達到多少？」

希爾頓的這些服務品質標準已經成為今天許多飯店的標準。例如，希爾頓規定，客房服務員每天要負責整理、清掃至少16~18間客房，而且必須要達到和符合希爾頓飯店客房衛生的規定標準。因為在服務台結帳之後，房間會在25分鐘後重新租出去。如果客房服務員沒有按時整理完房間，領班和客房服務員就有不可推卸的責任。

希爾頓同樣規定了餐廳服務的品質標準。希爾頓明確規定了每位餐廳服務員每天要接待服務客人的數量，比如每位餐廳服務員每小時要接待服務20位客人，那就是說他必須要3分鐘完成一位客人的點菜和送客服務。就是這樣質與量相結合的評判標準，保障了希爾頓飯店服務的高效率。

2.時間和服務方式的規定

希爾頓的所有服務，如總服務台、客房、餐廳、門衛迎賓員等，都必須按照規定的服務程序進行，不允許隨便更換服務的方式。同時各項服務都要有嚴格的時間限定，員工必須在規定的時間裡完成自己的工作。這也是希爾頓飯店服務品質的重要保障。例如，總服務台迎送客人時，不能讓客人在總服務台等待開房的時間超過2分鐘。希爾頓認為，如果客人等了2分多鐘都沒有獲得相應的服務，那就表示希爾頓飯店對客人不尊重，這樣就會是摧毀希爾頓飯店的聲譽。為了達到這樣的要求，總服務台客房的銷售員和迎賓客在上任前都要熟練操作流程。

3.價格制度方面的規定

希爾頓認為，價格是調節市場的常見手段。所以，不論是飯店的客房價格和食品價格，還是商品和禮品的價格，都要根據旅遊市場和整體大市場環境的變化而變化。因此價格必須具備靈活性。

4.財務成本控制的要求

希爾頓十分重視飯店成本費用方面的控制，包括固定成本和可變成本費用。一切成本費用一經產生就要歸入成本體系進行核算，同時要經由財務部門審核通過。

5.安全措施保障方面的規定

飯店的安全方面包括了飯店和客人的財產安全、火警安全、客人的人身安全和食品安全等方面。希爾頓認為，安全本身就意味著高效率。所有希爾頓飯店，部門經理和副經理既要負責監督服務品質，又要負責安全與保衛工作，這充分體現了希爾頓飯店對服務和安全工作的重視。

6.工作分析的規定

飯店的所有工作人員，包括管理人員和服務人員都要明確自己的工作崗位、職責、許可權等。因此所有希爾頓飯店都採取了一種工作分析的崗位責任制，其中規定了員工的職務、任務、服務技能、服務程序、服務品質標準等各項完備的工作準則。

準軍事化標準的應用

管理應尊重權威，連鎖飯店業巨頭希爾頓把酒店比喻成一條行駛中的船，船長對於所有船員和乘客是一個絕對的權威。酒店管理中的總經理也應該如同船長，擁有絕對的權威。

各級部門領導為總經理出謀劃策，提供建議、諮詢只是對總經理工作支援的一個方面，另一方面則在酒店管理工作中實行準軍事化管理，體現為：一旦總經理對某一重大問題做出決定，各級部門都必須無條件地放棄自己的不同意見，堅決地、不折不扣地執行總經理的指令。

總經理必須對整個企業的命運負責，對員工的切身利益負責，對客戶負責，對董事會負責。他代表酒店及全體員工的利益，而非高高在上的「太上皇」。這便是「準軍事化」管理這一概念的真諦。

這樣的管理機制可以有效地避免工作中的拖遝、推諉責任、行動遲緩、互相扯皮、渾水摸魚、投機取巧等弊端，使指令暢通無阻，落實迅速，酒店上下團結一致，問題有人管，事事有人抓。這種垂直領導的上下級關係在運作上都服從於企業的整體部署，因而是統一而協調的。各崗位的人員如同一部機器上的齒輪或螺絲釘，為同一目標發揮著各自的作用。

強調總經理的權威以及下屬人員的服從觀念，是否會導致酒店的家長制作風呢？不會。首先，我們所說的服從是指在執行指令的工作過程中的服從，以及工作調度上的服從。其次，任何員工如果以關心企業命運為出發點，隨時都可以向上司提出個人建設性的意見。另外，酒店有定期的上司接待日，任何一名普通員工都有權按程序走進上司接待室，暢所欲言，直抒己見。

準軍事化原則在酒店管理中主要體現在：

首先，重實效、重業績，即以功過論是非，以成敗論英雄。

其次，每位員工嚴守酒店秘密，不該打聽的資訊隻字不問，不該下傳的情報一定守口如瓶，即使調離酒店，也要信守到底。

最後，新員工上任前必須接受至少兩週的培訓，使自身的肢體語言完全符合酒店服務工作中的規定，站立、行走、舉手、投足乃至一顰一笑，都要體現嚴謹的風範，不得帶有任何隨意性。此外，員工從上任的第一天起，必須嚴格按規定程序操作，講究規範，講究統一，講究工作實效。如打掃客房，要按規定的步驟進行，不得隨心所欲，別出心裁，或超出限定的操作時間。諸如此類的實務操作問題，有關責任人員應隨時檢查，毫不懈怠，用準軍事化的管理原則使酒店管理的運行機制更加暢通無阻。

高效能的服務標準

希爾頓曾經說過，酒店服務具備高度的時間性，時間的長短反映了服務效率的高低。按照國際通行的做法，希爾頓飯店進行自我完善後，制定了以下具體的服務標準以確保服務效率：

1.餐廳服務具體標準

客人入坐等候點菜的時間——當客人進入餐廳就坐之後，餐廳服務員最遲要在2分鐘之內前來接待客人，為客人拿出菜單點好菜。

點菜服務到桌的時間——當客人點完菜以後，客人點的第一道菜要及時服務到桌，早餐規定為10分鐘，午餐和晚餐在15分鐘左右。

清桌要求——客人在用完餐並離開餐桌後，服務員必須要在4分鐘之內完成清桌，並把餐桌重新擺好。

送餐服務——客人在客房內用電話點菜就餐時，其餐點要及時準確無誤地送到客人的房間內。早餐送餐服務時間為25分鐘；午餐送餐服務則為30分鐘；晚餐送餐服務限定在35分鐘之內。

2.大廳酒吧的服務標準

客人在酒廊等候服務的時間——客人在酒廊入坐之後，服務員要在30秒之內前來服務客人。

客人酒水服務到桌的時間——處於營業的低峰時，客人的酒水（飲料）應在3分鐘之內服務到桌；如若是在營業高峰時，則服務到桌時間為5分鐘之內。

酒廊餐檯清桌的時間——客人離開酒廊餐檯後，應該在2分鐘之內完成清桌的工作。為了便於迎接新的客人入座，要求桌面保持清潔。

3.前廳服務標準

客人在前廳服務台等候接待的時間要求——客人一旦步入前廳服務台，不管是辦理遷入登記下榻還是有事需要問詢，在60秒之內前廳服務台接待員必須問候上前的客人，以示歡迎客人的到來，否則視為失禮行為。

客人辦理遷入登記的時間——前廳服務台接待人員不僅要熱情地為客人辦理遷入下榻手續，而且要嚴格遵守服務效率的時間，即為客人辦理遷入手續所用的時間限定最長為2分鐘。

客人遷出結帳時間——為客人辦理遷出結帳及其收款手續的時間也有明確規定，限定高效率服務時間為1分鐘。

電話服務——客人打進酒店來的電話，要在電話鈴響3聲之內給予接通應答。總服務台必須24小時內都有人值守。

4.客房服務的標準

客房服務每人每天要以國際酒店業標準負責整理16～18間客房，我國一般酒店客房服務員的標準是每人每天負責整理10～15間客房。

客房服務員整理一間客房的時間約為25～30分鐘，同時要做到整潔、舒適、方便和安全各項標準。

客人臨時需要的浴巾、加床等額外服務，要求在客人呼叫開始10分鐘之內準確送達客人的房間。

5.工程維修服務標準

客房維修——如果客人用電話方式通知前廳或電話總機室有關客房有要維修的地方，工程維修人員必須在5分鐘之內到達客人需要維修的地點。

公共場所，比如餐廳、會議廳等的各項維修項目——工程維修人員在接到維修電話或維修通知單後15分鐘之內必須趕到維修地點，以便各項目得到及時維修。

會議設施佈置方面——酒店多功能廳要經常進行試用，特別是在大小型研討會、貿易洽談會進行前。會議的一切如整體佈局、音響、燈光等，工程人員負責在會議開始前1小時全部安排好，以保證會議效果。

6.勞動強度及服務效果方面規定

每個餐廳每位服務員每天要負責完成40～50名客人的點菜、送餐服務工作。

引座員要求每小時負責引領20～50位客人入席就餐。

調酒師每小時要為5～6位客人調製好他們點的酒品。

餐廳廚師每小時要完成6～12位客人的菜點烹製，全天要完成40～60位客人的菜點烹飪製作。

高度重視人才培養

希爾頓曾經說過，在酒店的經營管理過程中，缺乏人才就不能實現有效的管理與服務，缺乏人才就不可能實現整個飯店產品的有效推銷。因此，在發掘、培養和培訓人才方面，希爾頓也有一套成熟的管理體系。

作為一個成熟的國際旅館，希爾頓國際旅館公司在經營與管理上有太多值得大家稱道的地方。它那周全與優質的服務，嚴格而高效的管理體系和可觀的經濟效益在國際連鎖飯店業中是佼佼者。當然，能夠取得如此高的聲譽，原因是多方面的，它重視人才的培養和產品推銷是其中非常突出的兩大因素。

希爾頓公司清楚，他們經營的不是簡單的汽車小旅館，而是些坐落在世界名城的高級旅館。作為一個全球性高級連鎖旅館的代言人，非規範化的管理會很快地降低整個系統的標準與名聲，而一旦某個旅館出了毛病，定會危害所有其他連鎖旅館的形象，對此，希爾頓國際旅館一直保持小心謹慎。該公司總經理柯特·R·特蘭德曾經這樣說過：「我們要靠那些受過嚴格訓練和通曉本系列經營方法與程序的人來承擔責任和對所有掛希爾頓國際旅館品牌的旅館進行管理指導。」

第一，公司要有自己龐大的飯店人才庫。據說，希爾頓公司掌握著一個有著三千多名「關鍵人物」的名單，他們遍佈全球60多個國家和地區，分散在世界各地的希爾頓國際旅館中。公司掌握著他們每個人歷年來的表現，本人資歷、資格以及對他們工作的評價紀錄和他們是否有調動工作的意向。每當一間希爾頓國際旅館或斯塔特拉國際旅館進行籌建階段時，管理人力物色工作就開始了，緊接著是培訓工作人員。旅館一開業，總公司就會從人才庫中挑選合適的人選組成管理小組，由其地區的副總經理帶領主持新旅館的經營管理。

第二，公司必須建立自己的培訓機構，定期或不定期地對高級管理人員進行培訓。希爾頓公司在世界範圍內有兩大培訓機構，一個設在蒙特婁伊莉莎白女王旅館的職業開發中心，另一個是位於瑞士巴塞爾的歐洲培訓中心。

第三，堅持業務相互之間監督。公司把分佈在世界各地的旅館按地區劃片，分區進行管理。為了保證本區域各旅館之間服務標準的一致性，區域副總經理和部門主任會不停地到各旅館進行巡視和檢查工作。總部工作人員大部分的工作時間都用在了外出巡查上，公司的總經理一年也有大約1/3的時間在外地。這樣不僅有利於及時發現問題、解決問題，還可以更好地掌握各旅館高級管理人員的工作水準和能力情況。

對於旅館的推銷，也和人才培養一樣，一旦簽訂合約，旅館進行籌建，這個未來旅館的推銷工作就開始了。希爾頓連鎖國際旅館是一個以設計與經營為主的旅館公司，而不是致力於購買而擁有旅館，其主要業務是簽訂標準租賃協定和標準管理協定。根據這兩樣協定，當地的投資人按照希爾頓國際旅館的標準來建造、裝備其旅館，而希爾頓國際旅館公司不會為了追求旅館數量而盲目擴張，一般都要經過嚴格仔細的挑選，這樣不僅能讓本公司獲利，旅館投資業主也能共享利潤。

因此，新旅館設計時就要考慮到公司行銷部所提出的要求和公司的各項標準。新旅館的建造一旦開始，行銷部就要為之制訂一個詳盡的推銷計畫，以保證開業後有充裕的客源。這個計畫，包括了從各種管道如航空公司、旅遊辦事處、政府機構等搜集來的資訊與資料，然後在公司市場調研與分析專家、廣告與公共關係、銷售促進與直接銷售人員的直接參與下制訂出來的，最後由公司的世界級推銷組織去執行。旅館正式開業後，這一計畫仍可作為銷售的原則，但根據當時當地市場條件的變化，每年都做出一些修改與更新。

為了確保在旅館的經營、推銷效果和可能出現的問題方面有個很好的規劃與指導，希爾頓還要求各旅館總經理每年都必須提交一份年度計畫與預測，然後逐月還要向總公司提交相關報告、比較與分析。發現問題後，及時解決和修改銷售計畫，以便於為旅館進行業務方面的指導。

希爾頓飯店還一直致力於保持一個穩定的員工團隊。在整個行業流動率較高的情況下，要做到這一點非常難得。從康拉德．希爾頓管理公司開始，希爾頓公司就一直保持著「家庭精神」，總公司的領導者與各個分店的經理人員之間必須互相了解，親密合作共事。雖然這可能會導致「近親繁殖」的危險，但公司覺得這也是希爾頓飯店能發展到這麼大規模的重要原因之一，這種濃重的「家庭味」是別的飯店不能做到的。所以，希爾頓飯店把這一精神看作是「傳家寶」。

希爾頓公司非常重視員工的各項福利，並且不斷提升他們的企業歸屬感。在各個飯店，專門設有員工餐廳，員工可以免費吃午餐、晚餐和宵夜。同時，員工能夠享有免費的醫療和住院補助。凡是在希爾頓飯店飯店工作15年以上的員工或者是達到公司規定退休年齡的員工，都可以按年資領取退休金。這些措施都有效地保持了其團隊的基本穩定。而且希爾頓公司始終堅持從公司內部選拔和培養高級管理人員，這不但可以加強員工對企業的忠誠度和歸屬感，而且更加有效地減少了人才的外流。

國家圖書館出版品預行編目資料

大老闆的頂級經營智慧 / 張俊杰 編著

一 版. -- 臺北市 :廣達文化, 2016.06

; 公分. -- (文經閣)(職場生活：31)

ISBN 978-957-713-580-3 (平裝)

1. 企業經營 2. 個案研究

494　　　　　　　　105008773

大老闆的頂級經營智慧

榮譽出版：文經閣

叢書別：職場生活 31

作者： 張俊杰 編著
出版者：廣達文化事業有限公司
Quanta Association Cultural Enterprises Co. Ltd
發行所：臺北市信義區中坡南路 287 號 4 樓
電話：27283588　傳真：27264126　E-mail：*siraviko@seed.net.tw*

印　刷：卡樂印刷排版公司　裝　訂：秉成裝訂有限公司

代理行銷：創智文化有限公司
23674 新北市土城區忠承路 89 號 6 樓　電話：02-2268-3489　傳真：02-2269-6560

CVS 代理：美璟文化有限公司
電話：02-27239968　傳真：27239668

一版一刷：2016 年 6 月

定　價：280 元

本書如有倒裝、破損情形請於一週內退換

書山有路勤為徑

學海無崖苦作舟

書山有路勤為徑
學海無崖苦作舟